全国农业职业技能培训教材
“为渔民服务”系列丛书　　科技下乡技术用书
全国水产技术推广总站•组织编写

大鲵养殖技术

孙长铭　主编

海洋出版社

2016年 · 北京

内容简介

大鲵属变温、两栖类动物，喜欢栖息于水质清新、环境清静的山涧溪流中，其养殖技术有别于其他水产养殖品种，且对水质、水温等有特定要求。我们在长期的生产实践过程中，逐步了解掌握了大鲵生长繁育所需的水质、温度、海拔等一系列数据，摸索总结出了大鲵人工繁育、养殖及病害防治成套技术，在生产实践中涌现出了大量的新成果、新技术、新经验。为此，编辑出版本书，详细介绍大鲵生物学特性、营养及药用价值、仿生态苗种繁育、商品大鲵养殖、大鲵病害防治等内容，并附大量实例及图片，对大鲵养殖技术各个环节进行了图文并茂的讲解，内容力求实用、文字表述通俗易懂，对从事大鲵养殖行业的从业人员具有一定的参考价值。

图书在版编目（CIP）数据

大鲵养殖技术/孙长铭主编．—北京：海洋出版社，2016.7

（为渔民服务系列丛书）

ISBN 978-7-5027-9550-4

Ⅰ.①大…　Ⅱ.①孙…　Ⅲ.①大鲵-淡水养殖　Ⅳ.①S966.6

中国版本图书馆CIP数据核字（2016）第175202号

责任编辑：朱莉萍　杨　明

责任印制：赵麟苏

海洋出版社　出版发行

http：//www.oceanpress.com.cn

北京市海淀区大慧寺路8号　邮编：100081

北京朝阳印刷厂有限责任公司印刷　新华书店发行所经销

2016年9月第1版　2016年9月北京第1次印刷

开本：787mm×1092mm　1/16　印张：11.25

字数：149千字　定价：35.00元

发行部：62132549　邮购部：68038093　总编室：62114335

“为渔民服务”系列丛书编委会

《大鲵养殖技术》编委会

主　　编　孙长铭

副 主 编　张树明　晏　宏

编写组成员　杨永斌　李海建　江　波　姚俊杰　王秀龙

韦布春　崔　巍　张　科　王　震　段荣娟

安元银　温燕玲　蒋左玉　熊铧龙　张　凯

前　言

大鲵是国家二级重点保护的两栖野生动物，经过二十多年的保护和发展，其野生种群的主要栖息地得到保护，局部地区种群数量有所恢复；人工驯养繁殖种群数量大幅增长，在部分地区已发展成为一项新兴产业，在培育养殖新品种、促进产区农民增收等方面发挥了重要作用。多年来，我们坚持“在保护中发展，在发展中保护”的原则，一些有识之士热爱自然，保护环境，在保护大鲵资源中，取得了良好的社会、生态和环境效益。随着大鲵经营利用的逐步放开及其他方面原因，近几年出现了流通不通、价格下跌、有价无市等问题，已影响到产业发展。为此，2015 年 1 月农业部《关于加强大鲵资源保护规范经营利用管理的通知》，明确指出：进一步加强大鲵野生种群及栖息地保护；建立标识管理制度和可追溯体系；加强大鲵市场监管和疫病防控。这个政策对加强大鲵野生资源保护和做大做强大鲵养殖产业具有重要现实意义。

为了进一步加强“野生大鲵”（特指自然分布及从自然环境中获取的大鲵个体）保护，规范“养殖大鲵”（特指人工繁育的大鲵子代个体）及其产品经营利用管理。根据农业部全国水产技术推广总站关于《为渔民服务》丛书编写要求，坚持面向渔民渔企，“去理论化，重操作性”的原则，陕西、贵州两省水产技术推广总站组织编写了该书。编写过程中，实地调查了陕西省汉中市、安康市和贵州省部分县区大鲵养殖场、养殖户，吸收了他们的一些宝贵经验，借鉴了陕西省实施农业部《大鲵现代化养殖技术创新试验项目》的成功做法，还参考《大鲵养殖技术规范》（DB61/T533—2011）、陕西省职业农民培育丛书《大鲵》（陕西三秦出版社）以及《大鲵实用技术》（陈云祥 编著）的部分资料，对完成本书编写起到重要借鉴作用，在此一并表示感谢。

我国秦巴山区、武陵山区等一些自然生态环境好、水质优良、水量充沛、海拔适合（600～1 200 米），气温适宜（15～25℃），是野生大鲵栖息地和最佳养殖区。目前，人工养殖技术日趋成熟，仿生态养殖、工厂化养殖、家庭养殖在我国秦岭及其以南地区有很多很好的成功经验。人工养殖大鲵生长快，成本低，效益好。大鲵肉质鲜美，营养丰富，是人们膳食的美味佳肴和上等滋补品。大鲵人工养殖已成为渔民致富的一条重要途径，是渔业发展的朝阳产业之一。我们希望《大鲵养殖技术》能为水产养殖者、农民朋友、广大读者提供一点帮助。由于编者水平有限，错误在所难免，恳请广大读者及业界同仁提出批评指正，不胜感谢！

编著者

2015. 8

目　录

第一章
生物学特性

大鲵是中国大鲵的简称，因其叫声酷似婴儿啼哭，故俗称“娃娃鱼”，属脊索动物门，两栖纲、有尾目、隐鳃鲵科。隐鳃鲵科包括2属3种：大鲵属和隐鳃鲵属，大鲵属在日本有日本大鲵，在中国有中国大鲵；隐鳃鲵属则分布于北美，为美国隐鳃鲵，俗称 *Hellbener*。中国大鲵是地球上仅存3种隐鳃鲵科中体型最大、种质最优的一种，其他两种因为资源少等原因，目前尚未形成规模化养殖。

第一节　大鲵的基本特征

一、形态特征

大鲵体温随外界温度变化而变化，其体表裸露，皮肤光滑、有黏液，体色能因环境的变化而变化。幼体具鳃，成体用肺呼吸。眼退化，无眼睑。大鲵具有前后肢各一对，前肢4趾，后肢5趾。大鲵的运动主要靠四肢完成，后肢腹部之间有一生殖孔，外端与排泄孔吻合。大鲵身体呈略扁圆柱形，分

为头、躯干和尾三个部分，

大鲵头大阔扁，前端有宽大的口裂，上、下颌前缘有锐利的牙齿，内有一排犁骨齿。吻端圆，有外鼻孔一对。头上侧有一对小眼睛。头顶部与背部两侧有数量不等的成对疣粒状物。

大鲵躯干部由胸部和腹部组成，胸部两侧有颈褶，腹部两侧有褶皱和疣粒。腹部前后两侧有附肢两对，后肢长于前肢，指间光滑，外缘有膜质的肤褶。指和趾的末端均呈小球状，无爪。

大鲵尾部扁平状，尾部长为体长的1/3。尾端钝圆或椭圆。

二、行为特性

1. 日夜及季节活动规律

在自然环境中，大鲵一般多喜栖居于有水流的山溪穴洞内，但自己不会筑洞，有推砂清理洞穴的行为。大鲵喜阴怕光，白天在洞穴内休息，晚上出洞觅食，经过人工驯化的大鲵白天也可以出洞觅食，但不如晚上活跃。大鲵具有冬眠的习性，自然条件下，一般11月至翌年2月为休眠期，这期间基本是伏于池底，没有明显的活动规律；到春季，当水温上升到8～10℃时，大鲵日常活动逐渐增强，摄食也会随着水温的升高逐渐增大；夏季，水温在18～22℃时，大鲵最为活跃，摄食旺盛，生长最快，日常活动表现出明显的昼伏夜出习性；秋季，大鲵生长较快，随着水温的逐渐下降，其摄食、生长逐渐变缓，直至进入冬眠。

2. 领地行为

大鲵具有很强的领地行为，野生成年大鲵独居，若是其他大鲵侵入，会相互争斗、撕咬，直至将弱者赶走。幼鲵（未脱鳃前）有群居行为。因此，在繁殖时，一般每个区域内会放置1组大鲵亲体，多放就会相互争斗受伤。在人工养殖条件下，因饵料充足，大鲵领地行为不明显，一般会将多尾大鲵同时饲养，很少发生争斗现象，但同池饲养的大鲵规格尽量齐整，个体差距太大容易产生以大欺小现象。

3. 吞食行为

大鲵摄食采取囫囵吞食的方式，先对食物的适口性进行比对，然后张口，同时身体用力向饵料冲击，把饵料咬住，整体吞进胃中，再慢慢消化。其摄食强度、摄食次数会因水温变化而变化。大鲵在水温12℃以上开始摄食，17～22℃为摄食高峰期，超过28℃或低于10℃时会停食，人工养殖中10℃以下偶有摄食，但摄食量极少。大鲵在3℃以下开始冬眠。

4. 变态行为

大鲵是从水生到陆生动物进化过程中的两栖类动物，幼体具鳃、有尾，生活在水中，用鳃呼吸，成体有四肢，用肺呼吸。在其生长发育过程中，有明显变态行为，随着个体长大，其鳃会逐渐退化消失，演变为用肺呼吸。

5. 攻击行为

大鲵幼体在外鳃消失前，常见一尾咬着另一尾的尾部，但这种行为并不会引起伤害，可能是一种类似游戏的攻击行为。接近或达到性成熟的个体，其攻击行为比较明显，会相互争斗、撕咬，其反攻击最显著的特点是皮肤分泌白色黏液，阻止攻击者的攻击。在养殖过程中，用手抓或抱大鲵时，也会被认为是一种攻击，鲵体会分泌出白色黏液。

6. 鸣叫行为

大鲵因其叫声奇特，似婴儿啼哭，故称“娃娃鱼”。大鲵的鸣叫在繁殖季节明显，晚上会发出“吱吱吱”的声音。此外，在人为搬动、注射药物、发生疾病以及环境不适应等情况下，也会有鸣叫行为，但不是很明显。人工养殖条件下的大鲵一般很少发出鸣叫声，也许是动物对环境适应能力的自然反应。

7. 感觉行为

大鲵视觉不发达，但嗅觉和听觉发达，这是长期生活在阴暗环境中适应的结果。在人工投喂饵料时，大鲵如果向后退，表示不想摄食；如果大鲵把头伸出水面，表示大鲵的食欲强烈，应给与充足的饵料。大鲵警惕性较高，在突然打开饲养室门时，大鲵会表现出惊恐状态，快速游动，或静观其变。

第二节　生活环境与习性

一、生活环境

大鲵栖息的生活环境，其地质结构最显著的特点是石灰岩层广布，山地断层发育，褶皱紧密，山体常高耸挺拔，被河流切断，形成悬崖峭壁，奇峰异洞。这些地方常有大规模的天然洞穴、狭长的沟槽，地下暗河、山泉水流，给大鲵的栖息生存提供了得天独厚的条件。其产地一般降水丰富，气候温凉湿润，光照少，云雾多，一般来说，大鲵栖息地的河流，具有水浅流急，比降大，水位变幅大，消涨迅速，径流量小等特点。河流植被好，河水清澈，河床少沙多石砾，年平均水温在 7～25℃，河水很少结冰。

二、生活习性

大鲵喜阴怕光，昼伏夜出，常顶着水流在洞口等待食物，或游到水潭边的浅滩上寻找食物，发现食物后会突然攻击，咬住后，待食物死亡后即囫囵吞下。幼鲵喜群居在溪流缓慢的小水潭中，成鲵喜单独活动。

大鲵属变温动物，一般在水体的中下层活动，可在0～28℃的水中生存，适宜水温14～23℃，当水温低于14℃和高于23℃时，摄食减少，行动迟缓，生长趋缓。当水温3℃以下停止摄食进入冬眠；水温23℃以上，会发病甚至死亡。大鲵对水质要求较高，要求水质清爽无污染，水中溶氧5毫克/升以上。孵化期间及幼鲵阶段，水中溶氧要求5.5毫克/升以上，且水体要保持常流状态。适宜水体pH值（酸碱度）6.0～8.0，最适水体pH值6.8～7.5。

自然界中的大鲵生活在海拔200～1 200米的山区溪流中，有喜阴怕风、喜静怕凉、喜洁怕脏的特点。建造大鲵繁育场，最好应选择接近自然生长环境的地方，成鲵养殖场的选择条件可适当放宽，对海拔的要求不是很严格，但气候、水质等条件还是要满足大鲵生长的要求。

三、食性

大鲵属肉食性动物。幼鲵阶段以浮游动物、小型底栖动物和水生昆虫为主。成鲵在不同的环境其食物结构不同，自然条件下，常以溪流中的小鱼、小虾和其他水生动物为食，可捕食适口的相当于自身体长1/2的食物。人工养殖条件下，除摄食鱼虾等活体饵料外，还摄食冰鲜饵料或配合饵料。

幼鲵以摄食无脊椎动物为主，如虾蟹类和昆虫，成鲵摄食无脊椎动物、鱼类、蛙类、蛇类以及啮齿类等。大鲵摄食时，水温的急剧变化或水质恶化易产生反吐现象。因此，养殖大鲵过程中，应特别注意保持水温和水质稳定。

第三节　生长特性

水温和饵料是影响大鲵生长的主要因素。在14℃以下或超过23℃，虽能摄食，但摄食量较小，消化能力弱，体重增长小，甚至出现下降。

在人工养殖条件下，以2～5龄的大鲵生长较快，尤其是2龄大鲵生长最快，研究表明，体重年增长倍数可达到9以上。野生环境生长相对缓慢，主要与自然界食物缺乏和水温变化大有关。

一般情况下，当年11月孵化的苗种，养殖6个月，可达到15厘米，养殖1周年后，体长达25厘米，外鳃基本消失，完成变态；养殖2周年后，体长可达37厘米，体重可达440克。大鲵体长是不断增长的，而体重在周年内则表现为春冬季增长缓慢，夏秋季增长较快。其生长特性是幼体缓慢，2～4龄生长最快，5龄以后生长又变缓慢，这与其性成熟年龄有关，也与动物在性成熟后生长减慢的规律是一致的。

第四节　繁殖特性

大鲵为卵生，性成熟年龄一般在6龄以上，通常一年繁殖一次，在自然条件下，雌鲵产卵后雄鲵有护卵行为。繁殖季节集中在每年的8—9月，自然繁殖季节在8—11月，雌鲵产卵数量与年龄和体重呈正相关，首次产卵数量一般在300枚/尾左右，雌鲵产卵呈念珠状长带形的卵带，偶尔也产出空卵带，以后随着年龄和体重的增加，产卵数量逐渐增加，多者可超过2 000枚/尾。繁殖适宜水温为18～22℃。自然繁殖中，大鲵产卵后，雄鲵将卵带缠绕在身上，或者把身体曲成半圆形，将卵围住，防止水流将卵冲走或遭受敌害。雄鲵护卵，直到孵化出幼鲵 15～40 天后，幼鲵分散生活为止，雄鲵才离开。孵化时间与水温成正比，孵化水温为 14～22℃，一般在 35～42 天左右，前后相差数天。

第五节　大鲵的营养价值

一、营养价值

大鲵肉质细嫩，肉味鲜美，营养价值高，是一种名贵佳肴。我国内地及香港、台湾地区以及东南亚、日本等国家，认为大鲵有强身健体、美容养颜、补肾健脾之功效，是冬季进补的美味佳肴。

据分析在大鲵每百克肌肉中蛋白质含量达到 17.3 克，蛋白质中含有 20 种必需氨基酸中的 17 种，其中 8 种是人体必需的氨基酸，必需氨基酸的含量为 39.7%。大鲵皮肤中含有 40%～60% 的胶原蛋白，胶原蛋白是人体的美容物质之一。大鲵肌肉组织中含有锌、硒等对人体有益的微量元素。

大鲵尾部约占体重的 1/5，主要由脂肪组成。去皮后尾脂呈金黄色、固态、油脂光泽。用索氏法提取器抽提后仍为金黄色，呈半透明黏稠油状物。含脂肪量达尾重的 88.9%。其碘值为 15.6，皂化值为 195，酸值为 0.72。其特点是：不饱和脂肪酸含量较高；必需脂肪酸（有亚油酸和亚麻酸）含量较高。而必需脂肪酸是合成卵磷脂和脑磷脂及前列腺素的原料，并有降低胆固醇的作用（表 1.1）。

表 1.1　大鲵肌肉中蛋白质、氨基酸含量

检测项目	单位	2011 年 8 月 29 日		
		样本Ⅰ（148 克）	样本Ⅱ（180 克）	样本Ⅲ（165 克）
蛋白质	克/100 克	17.30	15.30	16.30
锌	毫克/千克	16.07	10.45	10.85
硒	毫克/千克	0.093 3	0.120	0.076 8
氨基酸	%	13.10	12.03	11.82
天冬氨酸	%	1.34	1.25	1.21
苏氨酸	%	0.60	0.57	0.55
丝氨酸	%	0.57	0.54	0.53
谷氨酸	%	2.30	2.15	2.08
脯氨酸	%	0.89	0.82	0.79
甘氨酸	%	0.66	0.58	0.54
丙氨酸	%	0.69	0.64	0.61
胱氨酸	%	0.16	0.16	0.16
缬氨酸	%	0.56	0.52	0.50
蛋氨酸	%	0.37	0.35	0.37
异亮氨酸	%	0.62	0.56	0.55
亮氨酸	%	1.14	1.05	1.03
酪氨酸	%	0.44	0.32	0.40
苯丙氨酸	%	0.57	0.48	0.52
赖氨酸	%	1.11	1.05	1.02
组氨酸	%	0.31	0.28	0.29
精氨酸	%	0.77	0.71	0.67

二、药用价值

大鲵的药用价值在《本草纲目》中曾有记载。根据现代临床医学观察，对贫血、霍乱、痢疾、癫痫和血经等疾病均有明显疗效。大鲵具有滋阴补肾、强壮、补血行气的功效。民间用大鲵皮治疗烧伤，皮肤分泌物可预防麻风病，尾脂脂肪有别于家禽家畜等恒温动物，它在低温条件下不凝固，是极好脂溶性溶剂和润滑剂，可广泛应用在工业、食品、制药等方面。

第二章
繁殖技术

据记载，我国首次进行大鲵人工催产并成功获得人工受精卵的是湖南省水产科学研究所与桑植县双泉水库大鲵研究所。在1976—1980年，阳爱生等进行了大鲵的驯养繁殖研究，利用野生成熟亲本，进行大鲵人工繁殖获得成功。近十年来，对大鲵繁殖技术的探索进入到了一个高峰期。陕西省是全国繁殖大鲵苗种数量最多的省份，仅汉中市育苗量就占全国大鲵苗种年产量的60%左右，大鲵的种群数量占到全国的70%左右，湖南、贵州、浙江、四川等省份的育苗量和种群数量也占有一定比例。目前，大鲵人工繁殖技术已渐趋成熟，野生种群数量逐渐恢复，为物种保护、生物多样性做出了积极贡献。

第一节　大鲵养殖场建设基本条件

大鲵养殖场是大鲵养殖生产经营活动的主要场所，要求地势开阔平坦，占地面积在1 000平方米以上，如果是仿生态或原生态繁育场，占地面积最好在3亩①以上，并且交通方便，利于施工。选择场址一般应满足以下基本条件。

① 亩：非法定计量单位，1亩≈666.67平方米。

①周边环境安静，放生态养殖场应远离市区或村落，植被覆盖率在80%以上。

②水源方便充足，常年流水。枯水期不断流，洪水期不淹没。冬季时水面不结冰封冻，夏季最高水温不超过26℃。

③使用同一河流水源的大鲵养殖场，场与场之间的距离大于5千米。

④仿生态大鲵繁育场和原生态大鲵繁育场的海拔应在600～1 200米。

⑤水质清澈透明，无污染、无杂物。符合《GB 3838—2002 地表水环境质量标准》中Ⅱ类标准。其中：pH值6.5～7.3，溶解氧在5.6毫克/升以上，化学耗氧量在1.2毫克/升以下，硫化物在0.09毫克/升以下，总硬度在42.3～50.4毫克/升。

⑥饵料来源便利易得、有保障，且废弃残饵对本地生物资源和栖息环境不构成污染破坏。

⑦地质结构稳定，无灾害隐患，不受滑坡、泥石流等自然灾害威胁，能够安全度汛。

⑧周边无“三废”（农业废弃物、工矿及医院污水废弃物、城市垃圾和生活污水等）污染。

第二节 繁殖模式

一、大鲵繁殖模式的探索

我国大鲵人工繁殖技术的发展过程，是一个不断探索的过程。从最初了解雌雄发育不同步、雄性精子活力低等不利因素，经过近十余年的不断探索，部分省份的养殖户对大鲵繁殖技术有了一些了解和掌握。但是，大鲵繁殖要达到像四大家鱼的繁殖那样成熟和普及程度，还有很长的路要走。

1988年，第七届全国人民代表大会常务委员会第四次会议审议通过《中华人民共和国野生动物保护法》后，大鲵被列为国家二级保护的两栖动物，长期以来由于受多种因素的影响，其野生资源数量急剧减少，进一步受到了国际及国内有关组织和部门的重视，如何有效的解决大鲵社会需求与资源保护的问题迫在眉睫并已达成共识。农业部有选择地开展大鲵驯养繁殖的试验研究。水产养殖企业和科技人员积极投入到大鲵驯养繁殖的试验和研究中。

1999 年农业部《水生野生动物利用特许办法》颁布后，明确了水生野生动物捕获、运输、驯养繁殖和经营利用的政策，一批符合条件的个人和单位获得了大鲵驯养繁殖许可，其养殖行为从政策层面上得以充分保障，激发了他们投资从事大鲵养殖的热情，使大鲵人工繁殖试验工作全面展开。由于参与人员众多、试验地域广泛、试验类型多样，大大推进了大鲵人工繁殖技术的发展，尤其是原生态、仿生态大鲵繁殖技术的试验研究成效显著。2007 年之后，大鲵驯养繁殖进入快速发展期，通过对各地大鲵人工繁殖试验经验的对比、归纳、总结和推广，繁殖技术有全人工繁殖、仿生态繁殖、原生态繁殖、全人工和仿生态结合、地下暗河等模式，并都取得了成功。

二、繁殖模式与选择

1. 几种常见繁殖模式

大鲵繁育模式多种，均有效。通过比较，生产中常见的模式主要有三种：原生态繁殖模式、仿生态繁殖模式和全人工繁殖模式。三种繁殖模式各有优缺点，只有在充分认识这三种模式的基础上，才能根据自身养殖场的实际情况，做好大鲵繁殖工作。

（1）原生态繁殖模式

原生态模式是利用大鲵现有或曾经生长繁殖的地区，选择合适的尚未被破坏和污染的河沟、小溪，建造适当的防洪、防逃设施，溪流长度在 30 ~ 100 米，放入数组性成熟亲鲵，然后进行人工管理，定期投入食物，让其自然发情、产卵、受精及孵化出苗的技术模式。该模式最早起源于陕西省汉中市勉县某大鲵驯养繁殖场，该场于 2000 年在承包的溪流中投放了 5 尾亲鲵，其中，雌鲵 3 尾，雄鲵 2 尾，进行保护式的管理，次年捞取大鲵幼苗 152 尾。随后汉中、安康等山区县纷纷效仿，此模式得到迅速推广。

该模式的优点：在原有的生长地，其山体基岩、水质、水温、溶氧、水深、流量、声频、照度、群落结构等各种要素都适宜大鲵的繁殖，繁殖成功率高，且对亲鲵伤害小；同时投资低，生产者容易掌握。

其缺点：一是抵抗暴雨、山洪等自然灾害的能力差，遇到自然灾害时，不易控制；二是天敌危害严重，如老鼠、水蛇、螃蟹、水蜘蛛等摄食或危害苗种；三是不便于管理，容易遭到人为危害，如人为投毒、人为偷盗等；四是不便于观察和掌握何时产卵及产卵情况、胚胎发育是否正常等情况；五是捞取大鲵苗不方便。

（2）仿生态繁殖模式

仿生态繁殖模式是在大鲵的适生区选择一块具有稳定水源的台地或缓坡地，通过建筑人工溪流、洞穴及辅助的养殖设施来模拟大鲵自然生长、发育和繁殖环境的一种繁殖模式。该模式是在大鲵原生态繁殖模式的基础上发展而来的，一方面它通过设施建设尽可能的仿效大鲵最喜好的生活环境；另一方面它还应用了当前较为科学的人工养殖技术，是对原生态繁殖技术和人工繁殖技术不足的补充（图 2. 1 至图 2. 4）。

图 2. 1　建设中的仿生态池

图 2. 2　仿生态池

图 2. 3　遮光的仿生态池

图 2. 4　仿生态洞穴

仿生态池的优点：一是创造和优化了大鲵生长繁殖的环境条件，有利于种鲵的生长发育；二是可以避免暴雨洪水等自然灾害；三是可以有效防止天敌危害；四是可以有效防止水质污染，便于管理和观察。

其缺点：一是大鲵患病容易相互传染；二是大鲵相互咬伤现象时有发生，即使是在夏天下午一两点钟，正值高温，太阳直射时都发现有大鲵在互相咬斗；三是出苗时间相对比人工苗迟，导致来年比人工苗生长慢；四是虽然能降低自然灾害的影响，但不能完全摆脱对自然环境的依赖。

（3）人工繁殖模式

人工繁殖就是在不依赖原栖息地自然环境的条件下，在人工建造的养殖池中进行亲鲵培育，然后将性成熟的亲鲵进行人工催产、人工授精和人工孵化的繁殖模式。

该模式始于 20 世纪 90 年代，进入 21 世纪后，大鲵繁育方面的生物学研究及试验才取得一些突破，浙江、湖南、湖北、陕西等地先后掌握了大鲵人工繁殖的关键技术。目前，大鲵的人工繁育场已遍布陕西、湖南、浙江、四川、贵州、湖北、广东等地。其中陕西、贵州的一些养殖户，已成功繁殖出子二代或子三代大鲵。但就整体水平而言，其受精率、孵化率和成活率都不高，有待于进一步改进繁育技术水平。

人工繁育模式主要优点：一是管理方便，按照大鲵年龄、体重、性情和性别进行组群或分群，利于避免亲鲵之间的相互撕咬和近亲繁殖；二是便于观察记录。通过对记录资料的分析，可直观各项措施的效果；三是可避免气候对大鲵繁育的不利影响；四是可控性程度高，能够人为调控一些技术因素，利于规模化经营生产。

其缺点是：一是人工繁殖改变了大鲵生长繁殖环境，很多自然习性和生存生长要素反映不出来，不利于开展与繁殖相关的一些科学研究；二是技术要求高，人工操作稍有不慎就会使大鲵致伤、致残或致死，尤其是繁殖期的催产激素注射和人工挤压（排卵或精液），对亲鲵的生育能力及生命危害严重，使其繁殖期大大缩短，造成亲鲵死亡；三是对繁殖设施等相关条件和对繁殖技术要求较高，一般培育者难以达到要求，繁殖的成本也比其他几种模式高。

2. 繁殖模式的选择

成功的大鲵繁殖模式有多种，基本上是上述三种模式因地制宜进行改造而来。选择何种模式，培育者（养殖户、养殖企业）同样也要因地制宜，结合各自的实际情况决定。

原生态模式抗自然灾害能力较差，风险高；人工模式投资大，技术要求高，仅适合技术能力强的规模企业选择。相对来说，仿生态繁殖技术比较“大众化”，企业或一般养殖户都可以选用，集成人工繁殖和仿生态繁殖两种技术模式的优点，采取仿生态培育、繁殖，人工注射催熟激素，使雌雄鲵达到性腺成熟一致，利于批量生产，部分地区已普遍采取此种繁育方式。不论采用哪种繁殖方式，都必须选择好、培育好、管理好亲鲵，才可能获得较高的成功率。

第三节　亲鲵的选择与培育

一、来源

亲鲵即性腺发育成熟用作繁殖的成鲵。其来源一般有三种途径：一是来自于大鲵栖息地的野生大鲵，它的采捕需要得到渔业行政主管部门的批准，且采捕后要经过驯化；二是从具有大鲵选育能力和资质的养殖机构中选育出的纯系大鲵；三是从本场养殖的成鲵中选育。

第一种方式虽然能够最大程度地得到大鲵的原种遗传基因，但是由于野生资源数量稀缺，且审批手续严格，难以大批量获得亲鲵；第二种方式获得的亲鲵族谱清晰，遗传基因有保障，一般建议采用此方式取得繁殖用亲鲵；第三种方式获得亲鲵虽然数量有保障，但是其族系、遗传基因等难以保证。

二、选择原则

在亲鲵选育过程中，严禁将来源不明或者引进后未经隔离检查的大鲵作为亲鲵直接配组繁殖。选作繁殖的亲鲵：一是个体健壮，亲缘关系明晰，具有健康、多产的家族史；二是年龄在6龄以上，雌性亲鲵要稍大一些，最好选择7~14龄，体重2.5~8.0千克，来源于自然环境的亲鲵体重可偏小一些；三是同龄同批次养殖的亲鲵要避免因规格大小一致而造成性别误判，从而导致雌雄比例失调。

4龄以上的大鲵，性腺开始向成熟发育，就可以作为后备亲鲵培育。选择后备亲鲵，一是要求身体健壮、匀称，反应灵敏、凶狠，花纹清晰、好看，生长较快的成鲵；二是看体型、体色、粪便、蜕皮，无外伤；三是后备亲鲵不选同一亲本的苗种来搭配，尽量从不同地域的大鲵中进行选择。

三、培育

1. 性腺发育的特点

大鲵达到性成熟后，性腺发育具有明显的季节性周期，即每年3—4月开始发育，7—10月性成熟。大鲵的性腺发育分为六个时期。第Ⅴ期为成熟期，也是我们所说的可以进行繁殖的时期。如果大鲵的培育未达到这一时期，就没机会进行繁殖，过了这一时期到第Ⅵ期，也繁殖不出鲵苗。要使大鲵性腺比较集中地发育到第五期，才能成功繁殖出苗。

2. 培育基本要求

在满足大鲵生长基本环境因子的基础上，亲鲵培育主要满足积温（>10℃）和水流两个要素。

每日温度的总和称积温（佐佐木，1966）。以水温10℃为基数，逐渐升温至大鲵产卵为止，测量每天的最高和最低水温，计算出平均水温，然后将每天所测得的平均水温进行相加即得到其生长发育积温，积温过高过低都会影响大鲵性腺的成熟。一般大鲵性成熟积温在4 200～6 300℃。

在模拟自然环境中，水流是的非常重要因子之一，水高程的落差、水流速度、以及水体所携带物质流的变化，如大鲵新陈代谢物和氧等相关成分含量的变化等，对亲鲵冬眠结束后的性腺发育极为重要。因此，大鲵生理发育所需的水体落差、流速、温度及清洁程度需要在仿生的养殖设施中等到满足。

3. 四季培育要点

大鲵性腺发育具有明显的季节性周期，即每年3—4月开始发育，8—10

月成熟。根据大鲵这一生理特性，我们把亲鲵的培育分为：产后培育、越冬、春季培育、产前培育四个阶段。

（1）产后培育

产后培育，通常主要集中在每年的9—10月。产后培育主要有两个作用：一是产后恢复体质。大鲵产后体质较弱，要投喂营养丰富的适口饵料，使其体质尽快恢复。对于一些繁殖期间受外伤和疾病感染的大鲵进行对症治疗，此期间要保持养殖水体的干净，以防病菌乘虚而入。二是加强营养便于越冬。当从夏季进入秋季后，水温开始下降，大鲵吃食又逐渐旺盛，是大鲵生长的黄金时期。秋季培育主要以投饲鱼类为主，并加强管理。

（2）越冬

冬季培育主要模拟冬眠状态。一是使大鲵储存体内性腺发育成熟所必需的营养物质，开春后通过物质转换为性腺精卵发育提供物质基础。二是使性腺回归到第Ⅱ期，开春后重新发育。

作为亲本的大鲵和商品大鲵培育不一样。不少养殖场追求大鲵的体重，追求大鲵的营养，在冬季还进行加温、加强营养。这一做法对于培育亲鲵不可取，因为这种做法打破了大鲵的繁殖规律。大鲵冬季培育必须冬眠，且体重有所下降，这样才能使性腺重新回归到Ⅱ期。回归到Ⅱ期的卵巢精巢再重新发育，这样第二年的亲鲵才发育良好。当温度下降到10℃以下时，大鲵便开始进入冬眠期，此时大鲵摄食量减少，当温度下降到3.6℃时，大鲵不再摄食。冬季给大鲵投食，应根据温度的变化进行调整。下面介绍一组大鲵冬眠期的投饵参数。

当温度下降到10℃以下时，大鲵便开始进入冬眠期，这时期投饵为两天一次；水温8℃左右时，逐渐调整为3天一次至5天一次；水温6℃左右时，调整到7天一次至两周一次。水温4℃左右时，降到20天一次；当温度低于3.5℃，大鲵一般不再摄食。冬季培养的过程，很大程度上是一个瘦身的过程，在这一过程中，大鲵个体体重有可能减少5%左右，所以养殖工作人员一定要控制好冬季饵料的投喂。

（3）春季培育

到三四月份时，水温逐渐上升。要慢慢调整投喂次数，逐渐调整到两周一次，7天一次，5天一次，直至温度升高到10℃后再进行正常投喂。

此期主要投喂活饵，活饵营养全面。春季是一个天气多变的季节，要注意温度的变化，温差不宜过大，以免引起大鲵患病。

（4）产前培育

产前培育，或叫夏季培育。产前是亲鲵性腺发育成熟的重要时期，此期的主要工作是调节水温、搭配饵料结构等。

水温的调节可以通过调节水的流量控制。产前培育的温度一般为18～22℃。每年6月中旬起，水温都升得较高，当水温上升到22℃以上时，应适当加大水流量保持水温，相反，当水温低于18℃时，应减少水的流量。值得注意的是，这个时期亲鲵需要通过温差的刺激才能更好地促进性腺发育，既需要高温也需要低温。

随着亲鲵性腺的发育，机体所需要的营养物质也是多方面的，需适当变换投喂的鱼、虾等饵料品种，有条件的还可以提取一些性成熟的鲤、鲫脑垂体搭配投喂，以保证亲鲵摄入营养的多样化和性腺发育。

第四节　人工繁殖

大鲵的人工繁育技术要求较高，与仿生态繁育技术相比，难度也较高，不易把握。目前，大鲵亲本的参繁率、受精率、孵化率等都处于比较低的水平，一般幼苗的成活率仅在30%左右，而且幼苗质量也不稳定，有待进一步改进。

一、产前准备

1. 繁殖及孵化用水的消毒过滤

一般养殖用水只要经过沉淀就可以了，但对繁殖及孵化用水要控制物理、化学及生物指标，这就需要通过特殊的消毒过滤池，才能有效降低如悬浮物、霉菌、杆菌等物质的含量。繁殖及孵化用水过滤过程为：依次通过粗沙过滤池、海绵过滤池、细沙过滤池、活性炭过滤池、紫外灯杀菌池。

2. 孵化池的消毒

养殖池经过清扫后，要用高锰酸钾等进行消毒。

3. 繁殖工具的准备

①清洗孵化框，清洗后用 10×10^{-6}高锰酸钾溶液进行消毒。

②检查袋，用于辅助和方便观察、注射催产激素、采精、采卵等，检查袋要大小合适，能将整条大鲵装进去。

③显微镜、载玻片，用于检查大鲵精子的质量。

④其他工具：温度计、量筒、烧杯、注射器、毛巾、盆、手电筒、矿灯、电子秤等。

二、雌雄鉴别

大鲵的雌雄鉴别，在非繁殖季节，只能根据标识和记录来区分，或者从同龄同批次亲鲵的外观来判断，人们通过不断地积累和总结经验，在繁殖期或接近繁殖期，总结出来鉴别的一些方法，即看头部、看体型、看行为、看皱褶、看泄殖孔、B 超鉴定、激素检测 7 种鉴别方法。

1. 看头部

头部较大的，特别是头宽大于体宽的，一般为雄性；相反，头宽明显小于体宽的多是雌性。

雄性大鲵的头部眼后有一对像颧骨一样的隆起，在繁殖期，隆起更明显；而雌性大鲵整个头部的线条比较柔和，没有明显的突起与隆起。

另外，从大鲵的头型来看，自头的两后缘至嘴前端，呈明显三角形的，多数为雄性，呈椭圆形或近似圆形的多数为雌性。

2. 看体型

在相同的培育条件下，一般同龄雄性大鲵的体型比雌性略显瘦长，在繁殖季节会更加明显。仔细观察大鲵后肢前的躯干部位，雄性大鲵从前至后会均匀缩小（图 2.5），而雌性大鲵该部位会稍向身体两侧突出，表现为有一定弧度的缩小（图 2.6）。

图 2.5　雄性大鲵

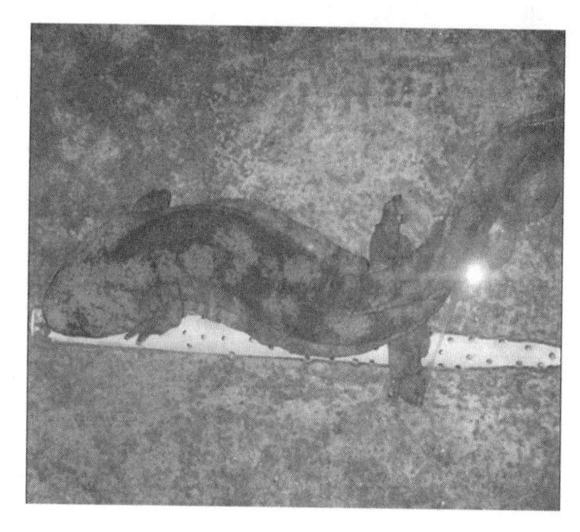

图 2.6　雌性大鲵

3. 看行为

一般雄性大鲵活泼灵敏，雌性大鲵因腹部肥大，行动相对迟缓。繁殖季节雌性较凶顽，而雄性相对较温顺，且喜欢待在雌性大鲵侧下方，并不时用头部轻顶雌性大鲵的腹部。

4. 看皱褶

从大鲵腹部看，从嘴后至前肢之前的部位有一些皱褶。一般雄性大鲵的皱褶多而深，雌性大鲵的皱褶少而浅。

在繁殖季节，雌性大鲵的腹褶多向体背侧翘起，而雄性大鲵腹褶多垂向腹部。

5. 看泄殖孔

大鲵性别可从泄殖孔的特征来鉴别，尤其在繁殖季节更为明显，这也是目前对大鲵性别进行鉴定的最有效的方法之一。

在繁殖季节，雄性大鲵的泄殖腔腺成饱满的大豆瓣状，形成隆起的纵椭圆环形，甚为明晰，将泄殖孔包绕其中，并且泄殖孔外缘有一圈不规则的白色肉质状小突起（图 2.7）。雌性泄殖孔多为圆形，孔径相对较小，泄殖孔两侧无白色突起，孔外缘平滑，内缘可见两侧的皮层形成向腔面突出的皱褶（图 2.8）。实际操作时，只要将大鲵尾部向上翻提起，用手轻拨开泄殖孔，即可辨认。在非繁殖期，雌雄大鲵的泄殖孔差别不大，也不易区别。

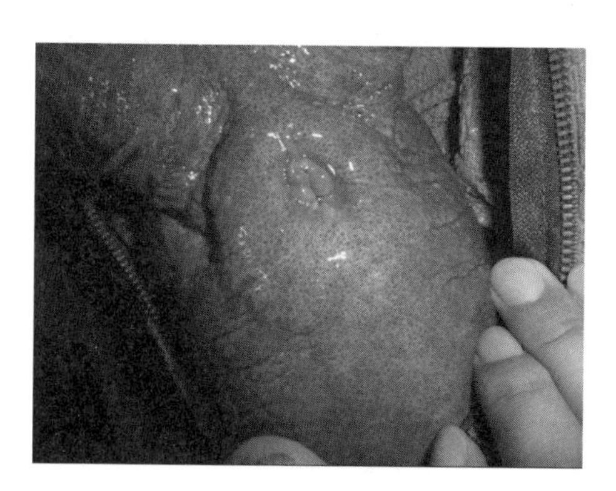

图 2.7 雄性亲鲵泄殖孔

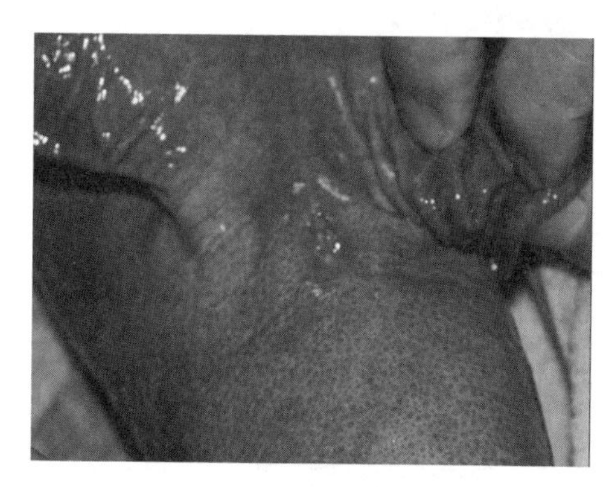

图 2.8 雌性亲鲵泄殖孔

以上 5 种方法是养殖生产中常用的，也是最方便的性别鉴别方法。B 超鉴定和激素检测是借助医学器械鉴定，其实际操作对大鲵影响较大，目前较少使用，这里不作介绍。

三、亲鲵成熟度鉴别

大鲵成熟度的鉴别对繁殖的成功率来说，十分重要。尽管有部分养殖场将亲本投放到仿生态池中，不经过雌雄和成熟度鉴别，也成功繁殖出苗，但这只占极少数，并且偶然性很大。有的养殖场第一年繁殖出苗，但第二年就繁殖不出苗，找不出原因。有的养殖场养了好几年就是不出苗。其中一个重要的原因就是没有经过雌雄鉴别和成熟度的筛选。

一个繁殖技术成熟的养殖场，会在繁殖前半个月左右对将要进行繁殖的亲鲵进行性腺成熟度鉴别，进行初步筛选，再将已经繁殖的亲鲵或培育的后备亲鲵放到仿生态池中进行繁殖。这种经过雌雄鉴别和成熟度筛选的亲鲵才可取得较高的繁殖成功率。因此，不论是全人工繁殖，还是仿生态繁殖，雌雄鉴别和成熟度筛选是繁殖成败的关键。

1. 鉴别方法

成熟度鉴别按性腺发育期分为三个等级，即Ⅴ、Ⅳ、Ⅲ三个等级。第Ⅴ级为成熟级，即可以进行繁殖或者注射外源激素后就可以进行繁殖。第Ⅳ级为准成熟级，即再经过一个月或半个月左右的培育，可能达到第Ⅴ级。第Ⅲ级为未成熟级，即这一年基本上不能用于催产或仿生态繁殖。各级判定主要依靠经验，笔者总结如下，仅供参考。

第Ⅴ级：成熟雄性的生殖孔椭圆形，左右各一个椭圆形的橘瓣状隆起，皮下的泄殖腔腺生殖孔两侧有十余粒的白色细小凸起（不是每一条都有），生殖孔肌肉成圆形隆起。用手轻轻挤压，成熟度好的可以挤出乳白色的精液。成熟雌鲵腹部膨大、松软，用手轻轻触摸有黄豆颗粒般凸凹感，生殖孔红润。

第Ⅳ级：与第Ⅴ级相比，雄性主要为生殖孔肌肉成圆形隆起不明显，雌性为腹部膨大、不松软，用手触摸腹部组织肌肉比较紧。这级辨别主要还是经验判断，尚未形成一个统一的标准。

第Ⅲ级：未出现前两级那么明显的特征，但能通过生殖孔粗略判断雌雄。

通过上述雌雄鉴别和成熟度鉴定后，就可以将筛选出的亲鲵用于繁殖。在繁殖第一年必须进行雌雄鉴别和成熟度鉴定，以确定亲本都是性腺发育良好的优质亲鲵，避免投放的大鲵不能进行繁殖，盲目生产造成浪费。

2. 鉴别注意事项

①在繁殖期或接近繁殖期的大鲵一般性情暴躁，对外界攻击的防范意识比较强，在进行性别和成熟度鉴定时，操作要尽量轻微，最好备用专用检查袋，将亲鲵轻轻托起后放入检查袋中，翻转后进行泄殖孔的检查。

②检查完成后做好记录，建卡立档，并经过人工繁殖验证，才能不断积累经验。

③经检查当年毫无繁殖可能的大鲵，要及时转移至亲鲵培育池中培育，不要为提高产苗量而强行尝试繁育，造成不必要的损伤（图2.9至图2.12）。

图2.9　将大鲵放入检查袋

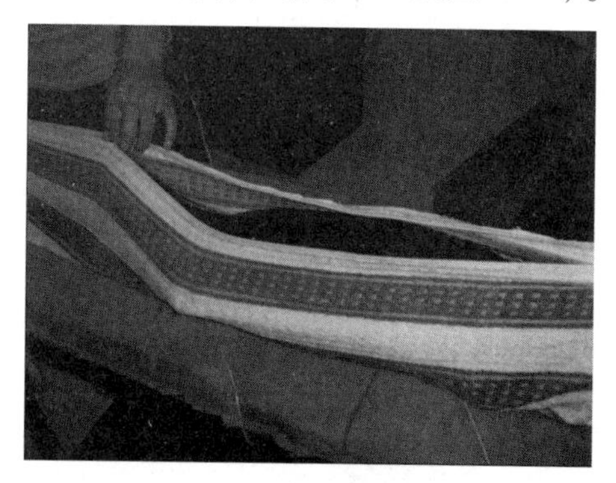

图2.10　将检查袋拉链拉好

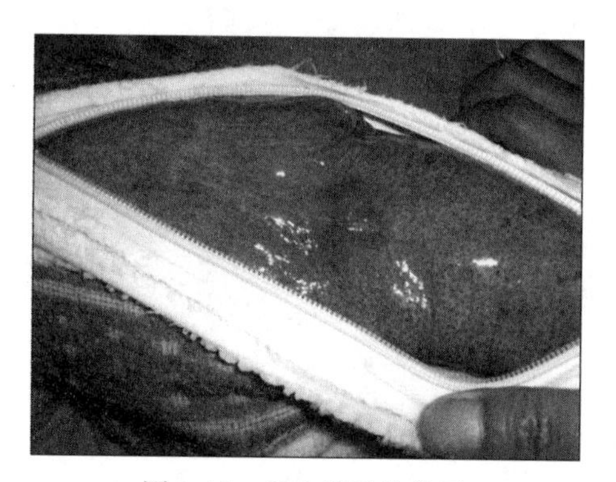

图2.11　留出泄殖孔位置

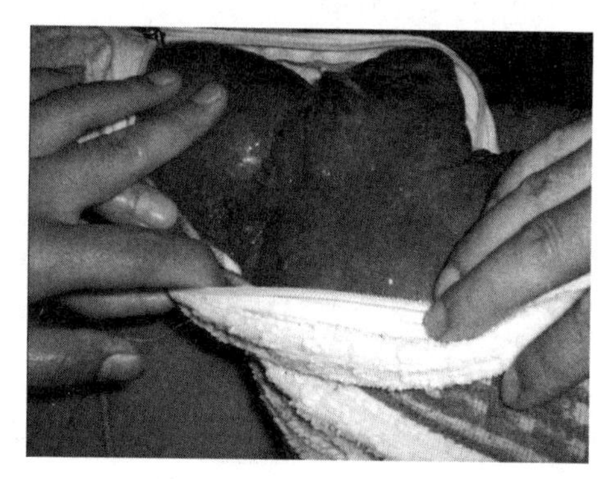

图2.12　观察大鲵成熟状况

四、催产药物的种类与选择

催产激素一般采用绒毛膜促性腺激素（HCG）、促黄体生成素释放激素类似物（LRH－A或LRH－A_2）、马来酸地欧酮（DOM）、鲤、鲫鱼脑垂体（PG）等，用量根据情况而定，一般每千克大鲵体重使用绒毛膜促性腺激素（HCG）

500～1 200 国际单位，促黄体生成素释放激素类似物（LRH－A）25～40 微克，马来酸地欧酮（DOM）0.5～2.0 微克；马来酸地欧酮与促黄体素释放激素 A_2（LHRH－A_2）联合使用，会更好地促进促性腺激素的释放和排卵。

对于成熟度发育较好或初次使用外源激素的大鲵，注射剂量相对较少，反之，应适当加大剂量。在进行人工催产时，选择好性成熟的亲鲵，雄鲵可比雌鲵提前 1～3 天进行催产。

五、药物配制与注射

1. 药物的配制

为准确注射催产药物，在进行雌雄和成熟度鉴别后应对亲鲵进行称重并做好记录。使用的外源激素的注射量可参考如下：一般第一次催产用 HCG: 500～800 国际单位/千克＋LRH－A_2: 5～10 微克/千克，并且雄性剂量不减半。第二次催产用 HCG: 500～800 国际单位/千克＋LRH－A_2: 5～10 微克/千克，雄鲵剂量减半。注射激素溶液量根据大鲵体重不同，一般每千克大鲵体重注射溶液量为 0.5～1 毫升，每尾亲鲵总注射量控制在 4 毫升以内，注射量过大很容易引起大鲵肌肉水肿、腹腔积水等病症。

溶解药物使用 6.5% 的生理盐水或蒸馏水，药物配置前计算好大鲵总体重，根据体重计算出所使用药物的总剂量和溶液总量，然后用消毒过的注射器或量筒量取所需的生理盐水或蒸馏水，再用 10 毫升的注射器吸取生理盐水或蒸馏水逐瓶溶解催产药物，待药物完全溶解后吸取到烧杯或其他器皿中待用，吸取药物后应洗 1～2 遍再丢弃药瓶，保证原瓶中的药物全部使用。药物应即配即用，当天剩余的药物第二天不得使用，以免药物失效影响催产效果（图 2.13）。

图 2. 13　催产用工具及药物

2. 注射部位与方式

注射部位在后背侧肋沟间进针，位置距离后脚前约 5 厘米，进针深度以穿过肌肉层进入腹腔为宜，一般选用 10 毫克注射器和 5 ~ 6 号针头（图 2. 14 至图 2. 16）。

图 2. 14　注射部位消毒

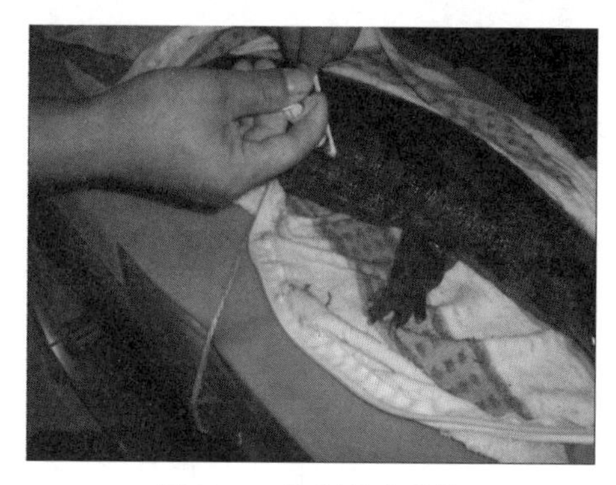

图 2. 15　注射催产药物

注意事项：一是操作要熟练、轻柔，注射要求快、准；二是注射前后应用碘酒消毒，避免感染；三要注意大鲵弯曲时注射在凹的那一边，避免直接

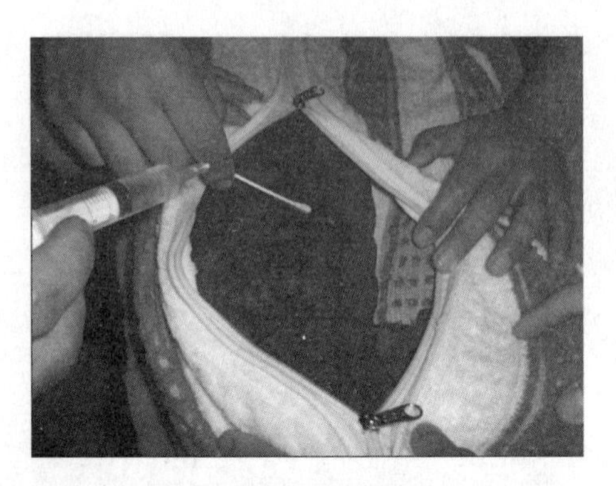

图 2.16　抽针后消毒

注射到性腺上，导致两边产卵不同步。

3. 效应时间

亲鲵注射催产剂后，其药物效应时间的长短与水温高低有直接关系。效应时间 50～160 小时不等，其最佳效应时间是在注射后的 65～96 小时。效应时间还因个体性腺成熟度不同而有差异，总的趋势是性腺发育好、水温越高，效应时间越短，一般水温每升高 1℃，效应时间减少 10 小时左右。雄鲵的效应时间比雌鲵的效应时间略短。

在这期间要安排专人观察并记录亲鲵反映，发现情况及时处理，如防止打斗，防止排卵后不能自行受精，要及时采取人工授精。

六、人工授精

1. 人工采精及简易保存方法

在发现卵产出后便进行采精（图 2.17），一尾雄鲵可以多次采精。精子成熟后一般在两周内都可用，可以进行第二次催精，时间相隔 7 天，催产药物用量减半。

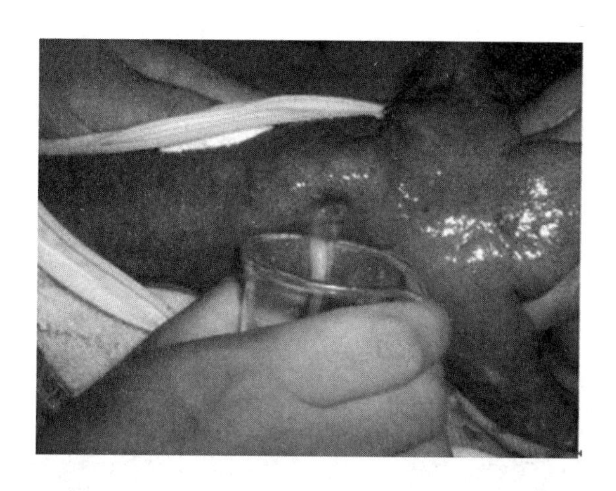

图 2. 17　挤出大鲵精液

采集精液时先将雄鲵翻转过来，腹部朝上，轻抚身躯，使其不激烈挣扎和产生应激反应，然后从上而下轻轻挤压腹部，先将其尿液排尽，待有白色精液流出来时便可采集精液。为保护亲鲵避免多次采集而伤鲵，可一次性采取，多次使用。

采集到的精液可进行简易保存。方法是用大针筒吸取精液，排尽空气，密封好，用毛巾裹住针筒，放到雄鲵同一池中。一般经过 24 小时后有 80% 的成活率，经过 48 小时后有 50% 的成活率。

2. 精子质量的粗略判断

将采集到的精子沾一滴到载玻片上，立即拿到显微镜下观察，暴露在空气中的精子死亡很快，要抓紧进行观察，在 1 分钟左右进行判断。

正常精子头部呈尖椒状，畸形精子头部弯曲或尾巴弯曲、无尾巴。活力好的精子呈“S”形向前游动。在目镜下观察到 80% 以上的正常精子呈“S”形向前游动为质量好的精液，若观察到的正常精子低于 50%，则该精子质量差，一般不用，除非没有其他成熟的雄性亲本。

3. 人工取卵

顺产的卵在池中能正常受精，可直接取出，置于孵化框中进行孵化。如果大鲵不顺产，需要采取拉卵（图2.18）。大鲵卵带一般先出来2～3厘米，等出现三四颗卵粒出来后才能拉卵。不管是从水中取出顺产的未受精卵还是拉出来的卵，均需先用毛巾吸干水，再进行受精。

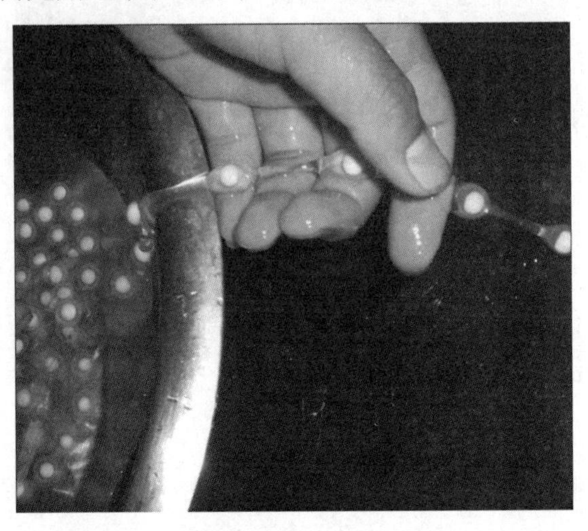

图2.18　拉出卵带

4. 人工授精

大鲵卵产出30分钟后便开始吸水，应在此期间进行受精。在弱光条件下完成。一般采用半干法人工授精。方法是将发情至高潮即将产卵的亲鲵，迅速捕起，从头部向尾部轻挤腹腔，将卵带徐徐挤入干净、无水的盆内，同时，挤出精液，用浓度为6.5%的生理盐水3～5毫升稀释后倒在卵带上，缓慢搅动，使精卵混匀，再加少量清水搅拌均匀，静置2～3分钟，再慢慢加入半盆清水，继续搅动，使其充分受精，然后倒去浑浊水，再用清水洗3～4次，待卵膜吸水膨胀后，及时移入孵化池中孵化（图 2. 19）。

图 2. 19　将精、卵混合，进行人工授精

5. 产后亲鲵的护理

亲鲵产后体质较弱，要尽快使其恢复体质。可适量注射康复剂，以便尽快恢复。在繁殖期间遭受外伤和疾病的个体，要进行对症治疗。亲鲵的恢复需要加强营养，以投喂活饵为主，同时要保证水体干净。

七、大鲵的胚胎发育过程

大鲵卵受精后，进入胚胎发育过程。经 30 天左右的胚胎发育后，就孵化出仔鲵。一般情况下，水温在 18 ~ 22℃时，孵化出苗需 33 ~ 38 天；水温在 14 ~ 18℃时，需 38 ~ 40 天。18℃以下时，大鲵胚胎发育过程分期与外部特征见表 2. 1。

表 2.1　大鲵胚胎发育过程分期与外部特征

序号	分期	外部特征	发育时间
1	受精卵	自受精起至出现第一个卵裂沟	0
2	2 细胞期	胚盘经裂为两个大小相等的细胞	24 小时（1 天）
3	4 细胞期	再次卵裂为四个大小相等的细胞	34 小时（1 天）
4	多细胞期	胚盘呈多细胞状态	36 小时（1 天）
5	囊胚期	分裂球很小，形成多层分裂细胞	60 小时（2 天）
6	原肠期	分裂细胞下包 1/2	165 小时（6 天）
7	神经板期	胚体背面出现宽的神经板	190 小时（7 天）
8	神经沟期	神经板发育成沟状	230 小时（9 天）
9	神经管期	神经管出现至尾牙出现	257 小时（10 天）
10	尾芽期	尾牙出现，体节，视泡形成	284 小时（11 天）
11	鳃板早期	鳃板形成	422 小时（17 天）
12	鳃板晚期	鳃板外凸明显	518 小时（21 天）
13	前肢牙期	前肢牙出现，胚体开始扭动	550 小时（22 天）
14	外鳃循环期	外鳃见血液流动	694 小时（28 天）
15	后肢牙期	后肢牙开始出现，眼睛晶体形成	880 小时（36 天）
16	孵化期	胚胎脱膜而出	907 小时（37 天）

八、孵化

1. 人工剪卵

大鲵产卵呈带状，移入孵化框孵化过程中，需要进行剪卵，一是因卵带过长缠绕，易造成中间的受精卵缺氧死亡；二是避免感染水霉的未受精卵污染其他受精卵；三是降低孵化密度，方便管理，提高出苗率（图 2. 20 和图 2. 21）。

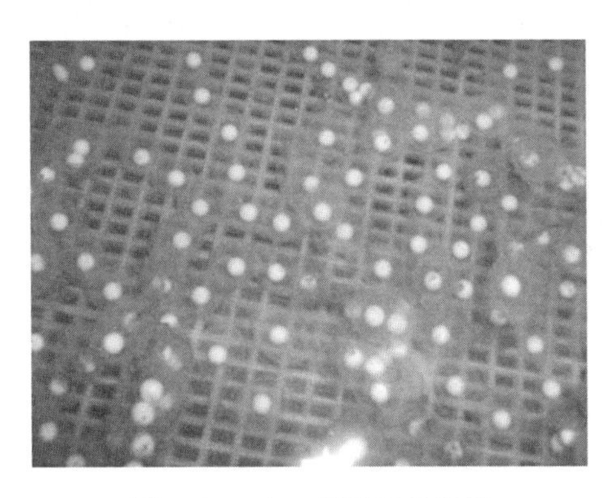

图 2.20　人工授精后的卵带

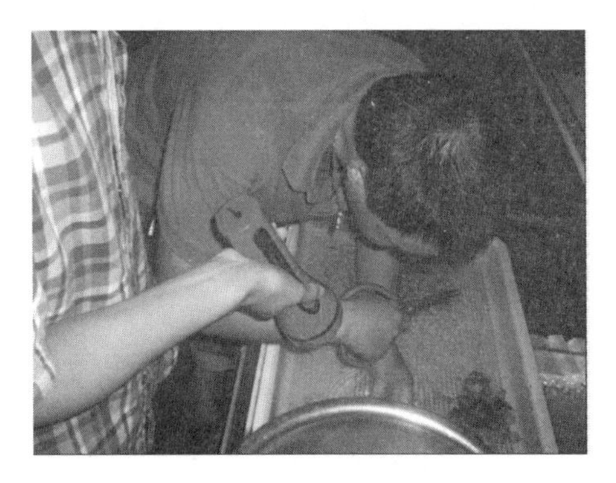

图 2.21　人工剪卵

2. 孵化密度

实际生产中，不论哪种繁育模式所收集到的受精卵，一般都会转移到专门的孵化车间，在孵化框（图 2.22）中进行孵化，完成其整个胚胎发育过程。孵化框中受精卵的密度直接影响孵化率的高低，一般 25 厘米 ×35 厘米 ×6 厘米的塑料框可放 100～200 粒受精卵（图 2.23 和图 2.24），孵化框内水位不宜过深，以淹没受精卵为宜。

图 2.22　孵化框

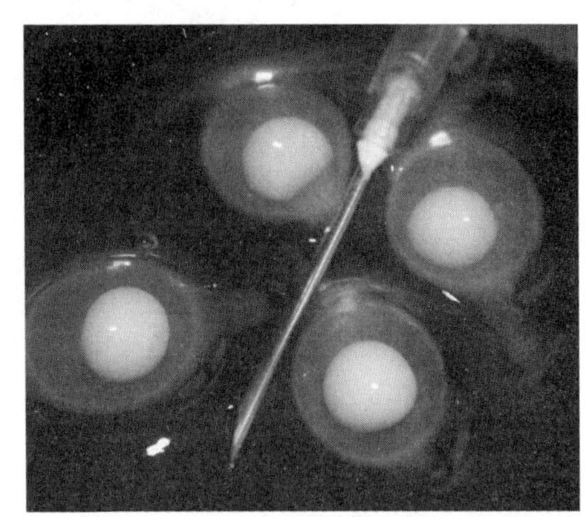

图 2.23　受精卵

图 2.24　胚胎发育管理

3. 翻卵与死卵剔除

未受精的卵在 4～5 小时后便开始变浑浊或发白，不下沉，浮在水面上。要及时将未受精卵或死卵（图 2.25）剪除，以免污染其他受精卵。

图 2.25　死亡的卵

每天翻动受精卵 3～4 次，避免卵带缠绕缺氧。用钢碗在孵化框中以“S”形轻轻划过即可。

4. 孵化期管理

受精卵在胚胎发育期间十分脆弱，全过程要保证孵化室内弱光或无光照。孵化用水必须经过严格的处理。曾有养殖场在孵化期间，半夜下雨，因管护人员睡熟而未能及时关掉外界水源，使浑浊雨水流到蓄水池后再流到孵化池里，导致10 000多粒卵全部死亡。所以，孵化期的管理十分重要。

（1）水质、水流

查看蓄水池等供水系统，按照孵化要求计算每天孵化用水量。落实供水计划和措施，保证孵化用水水质、水量和水流。如果水源是人饮自来水，需要在蓄水池中晾晒或曝气5～7天，除去水中的余氯；如果是地表水源，需要用60～80目筛绢过滤，去除水中的剑水蚤等敌害生物，同时在蓄水池中用浓度为0.5克/米^{3}的二氧化氯消毒，并晾晒一周，待余氯逸失后使用。孵化池中水流流速一般在0.2～0.4米/秒，以受精卵能在水中缓慢地随水流而浮转为准。水体的溶解氧含量不低于6毫克/升，pH值为6.5～7.5。大鲵胚胎发育最适水温为18～22℃，昼夜温差不超过1℃，如超过1℃，应采取调温措施。当水温超过22℃时，孵化率直线下降，超过23℃会导致孵化失败。

（2）剥卵与固卵

孵化后期，卵内可清晰看见活动的稚鲵，但已接近或达到40天，仍未出膜的，可人为剥膜，放出稚鲵；如果孵化中期就发现有卵膜褶皱、卵子弹性差，出现提早出膜的胚胎，应及时采取必要的固卵措施，一般用（5～10）$\times10^{-6}$的高锰酸钾溶液浸泡受精卵，可有效预防胚胎提早出膜。

孵化池放置卵不宜过多，一般为800～2 000粒/米^2。在受精卵进入孵化期间，每天都需要进行翻卵，以防受精卵贴膜死亡。还要进行捡卵，捡出腐化的卵和没有受精的卵。由于这个阶段是胚胎发育的敏感期，生命十分脆弱，要注意控制翻卵的频率。

（3）病害防治

经过滤的孵化用水中很少有剑水蚤等敌害生物，但应每天检查过滤水网，防止破损后敌害生物入侵。因大鲵卵的孵化水温正适合水霉菌的生长，在孵化过程中极易发生水霉病，特别在未受精卵或死卵较多时。因此，在大鲵卵孵化中，应预防水霉病的发生，尤其是在开始孵化至15天时间段，放卵孵化前，可用0.5克/米^{3}的亚甲基蓝或（5～10）$\times 10^{-6}$的高锰酸钾浸泡卵带，定期进行水体消毒，一般每3天左右消毒一次，15天后停止消毒。

（4）日常管理

工作人员在整个孵化期要严格执行排班，做好日常管理，轮流值班，专人日夜看守。定期清洗孵化盘，防止卵膜堵塞纱网，尤其在脱膜期，应每隔1～2小时清洗一次；在胚胎发育至神经胚胎期后，易于产生“贴壳”现象，应经常轻微摇动一下胚胎，使卵黄膜与内胶膜不致粘贴太紧而导致卵黄膜早破；要注意做好停水、停电、下暴雨等突发情况的预案。受精卵经过35天左右便可孵化出苗，这时不必急于投饵，它的内源性营养还可以维持一段时间。

第五节　仿生态繁殖

目前，大鲵仿生态繁育技术在全国已经十分普遍，建设类型和模式多种多样。按照亲鲵的雌雄配组大致可分为两类：一类是自由恋爱型，即雌雄按1:（1～0.75）的比例组群分区养殖，让其自由选择配偶对象；另一类是固定配组型，即先选定1尾性腺成熟的雄性大鲵，给其划分一区，然后选择1～3尾雌性大鲵，人工择偶。该模式可以在人为作用下统一控制积温，创造水温、水质、饵料条件基本相同的环境，解决池养条件下大鲵雌雄发育不同步的问题。

一、主要设施

仿生态繁殖是在大鲵的适生地选择一块台地或缓坡地，建造人工小溪流，在小溪流两侧建洞穴，在洞穴上方覆盖土壤并种植草本植物，以营造大鲵生活的野生环境，使亲鲵自然产卵受精，自然孵化出苗而进行的人工繁殖模式。由此可知，其主要设施有人造溪流、人工洞穴、孵化车间以及配套设施等。一个较为完整的仿生态繁育场应包括如图 2. 26 所示内容。本节主要介绍人工溪流、洞穴及养殖池的建设要求。

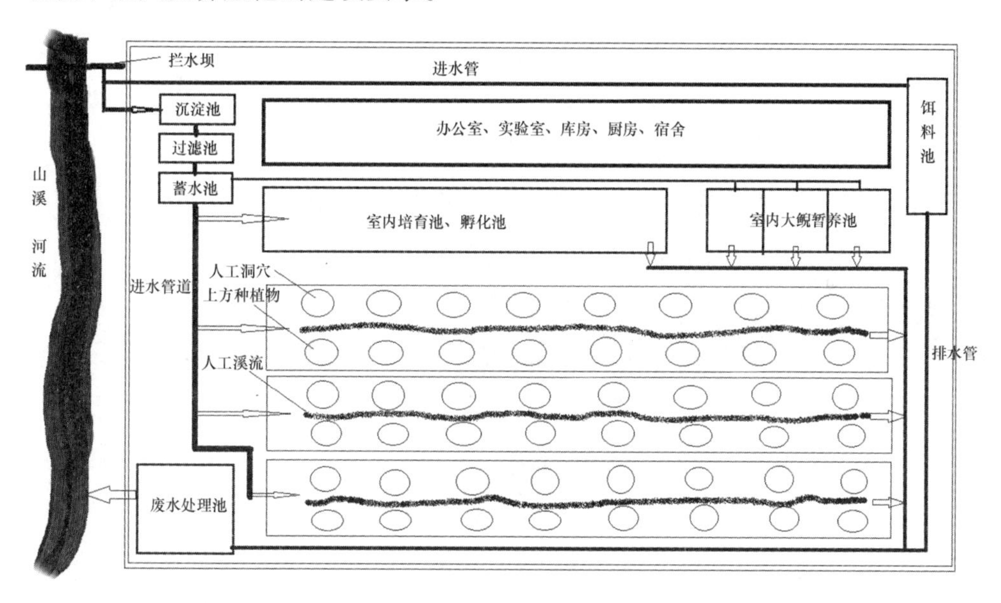

图 2. 26　仿生态繁殖场建设布局

1. 人工溪流

一般设计宽 1 ~ 3 米，水深 30 ~ 50 厘米，水流速度约为 0. 2 米/秒。溪流宽窄、水深、曲直等因地制宜。为了防止疾病相互感染，人工溪流应分段独立建设或并列建设溪流，每个养殖区域面积以15～30平方米为宜，进排水系统各自独立，尽可能不重复使用水源。每5～10米设置一个流水跌坎，落差高度为20～30厘米。

建设人工溪流前首先要对整个场地进行平整，对渗漏地带进行防渗处理；其次是按照地形划分各个小区、布设溪流、分配水量，安装防逃网栅；溪流底部铺设粗沙及小卵石，两边栽植柳树和水草，常用的水草是石菖蒲。

2. 人工洞穴

洞穴不仅是大鲵遮光避敌栖息之所，也是大鲵繁殖产卵、幼鲵孵化的场所。大鲵在繁殖前，都会自己改造洞穴。雄鲵将洞穴底部的沙石首先向外推至洞口附近，然后再用后肢将这些沙石推出洞外，这种行为称为推沙行为。推沙行为的实质是大鲵自己在改造洞穴。在大鲵推沙时可在穴口见到水质浑浊、紧靠洞口处的人工溪流底部沙石逐渐增多的现象。

根据大鲵自然习性的需要，大鲵洞穴修建要做到以下要求。

①洞穴设计为圆形，直径为1米左右，保持洞内水深20～30厘米。一般不采用方形洞穴，方形的洞穴会有死角，不利于大鲵的活动和水的交换。溪流两侧的洞穴要交错排列。洞穴内保持20～30厘米水深，考虑到人工溪流的坡度，从溪流的前端到后端，洞穴的底部不能在一个水平高度上，避免后端的洞穴水位不到20厘米，而前部洞穴已被淹没。

②洞穴内部空间长宽60～80厘米为宜，前低后高，前高20厘米，后高30～35厘米，洞穴底部呈锅底形，底部深挖约20厘米，垫细泥土压实，铺放细砂及稍大的鹅卵石，厚度为5～10厘米的沙层。注水后洞穴中水面以上应保持约有10～15厘米的空间。

③洞口宽15～25厘米，高10～15厘米，洞颈长30厘米以上，洞穴内水深20厘米，洞口淹没在水中。洞穴内壁光滑，防止大鲵刮伤。

④洞口斜开，面向水流，以便溪流的洄水能进入洞穴，保证洞穴内部的水体交换，防止洞穴内的水变成死水，影响大鲵的生存。

⑤洞穴顶部（图 2.27）预留 20 厘米 ×20 厘米的观察口，平时覆盖，必要时可揭开观察和检查，产卵时可用于取卵。洞穴（图 2.28）盖板设通气管，管材用中 Φ20 或 Φ25 毫米铝塑管或 PVC 管，底端固定在盖板上，顶端作成半弯型，口朝地面。盖板上覆盖 20 厘米以上的土层，并可种植草坪遮阴，洞穴周围种植树木或绿化植物，起到遮阴避阳、绿化美观的作用。仿生态池及洞穴的建设标准图详见附录四。

图 2.27　大鲵洞穴顶面观

图 2.28　大鲵出没洞穴

二、亲鲵投放

1. 放养数量

一般根据仿生态池洞穴数量的多少来确定亲鲵的放养量。多年的实践经验证明，仿生态池中常出现一个洞穴内有多尾雌鲵产卵的现象，繁苗效果往往较差。一般放养亲鲵数量为其洞穴总数的 70% ~80%，雌雄比例为 1∶1。对于从上一年就开始在仿生态池中放养亲鲵的养殖场，也可以不减少亲鲵的放养量，但必须在8月之前将发育不佳的亲鲵移出。

2. 放养时间

一是在秋季强化培育后，即在11—12月期间放养，让其在仿生态池中越冬。二是在繁殖前半个月左右，在经过雌雄鉴别和成熟度鉴定后，将筛选出的亲鲵放到仿生态池中，准备繁殖。

3. 日常管理

（1）及时发现处理亲鲵相互打架问题

由于放入同一繁育池的亲鲵来自不同的养殖池，在新环境中争夺领地，相互之间会打架、咬伤，若发现不及时，很容易造成大鲵伤口感染，引发多种疾病。

因此，最好用网将仿生态繁育池分隔成多个相对独立的区域，将亲鲵分别放在这些区域中。网眼可以稍大一些，大鲵钻不出来即可。这样亲鲵彼此无法打架，会逐渐熟悉新环境，拥有自己的领地。待放入的亲鲵慢慢熟悉环境后，再逐渐将网拆掉。拆掉网后几天，要注意观察，若发现有打架受伤的，需及时放回室内养殖池，进行隔离治疗。可在伤口处涂抹云南白药、四环素软膏、紫药水以及注射硫酸庆大霉素等。

（2）勤巡池、细管理

在日常管理中，坚持每天巡池检查3~4次，仔细观察大鲵的活动、吃食情况，检查有无蛙、鼠、蛇等敌害生物侵入，有无患病等情况，相比人工繁殖，仿生态繁育更需要细心管理，发现问题及时处理，以保证顺利繁殖。

4. 繁殖时间的确定

仿生态繁殖的时间与地域关系很大，全国各地不尽相同，主要与积温有密切关系。

确定仿生态繁殖的时间，对加强繁殖前培育，加强繁殖期管理十分重要。一种方法是借鉴全人工繁殖时间，一般仿生态繁殖比全人工繁殖时间晚一周左右；另一种方法是参考相同地方仿生态的繁殖时间，在秦巴山区（陕西）一般为8月下旬至9月中上旬，在云贵地区（贵州）仿生态繁殖时间一般在9月中旬至10月上旬，具体根据当地水温和气温确定，水温偏高的地区繁育期会后延1~2周。

5. 繁殖前的行为特征

大鲵在繁殖前，会表现出不同于非繁殖季节的一些行为特征，如冲凉、推沙、夜间出洞次数增多、在洞外时间增长，有经验者可以通过这些特有行为特征大致判断大鲵的产卵时间。当以下行为明显发生时，就意味着大鲵快要产卵了。

①雌、雄大鲵“头并头、肩并肩”地紧靠在一起，在溪流内缓慢爬行，或者趴在溪流底部不动。

②雄鲵活动非常频繁，在溪流内的洞穴口不断巡视。有此行为，表明之后2~3天，大鲵就要交配、繁殖产卵。

③雄鲵紧跟在雌鲵后面缓慢地爬行，如果雌鲵爬进自己的洞穴，雄鲵也会跟着钻进该洞。

④雌、雄大鲵的口相互咬在一起，不会咬伤，是大鲵的亲吻行为。在亲吻行为发生后约10天左右，就有繁殖产卵现象（图2.29）。

⑤雄鲵在洞穴口，雌鲵在溪流内，雄鲵咬着洞外雌鲵的口向洞内拖拽。

图 2. 29　繁殖行为

三、孵化管理

1. 捞卵、捞苗

在自然界中，亲鲵产卵受精后，雌鲵会离开洞穴，而雄鲵则留在洞内承担护卵任务。大鲵卵从受精到出膜需要 35 天左右，孵化后鲵苗不断生长发育，到基本能独立活动时，即前肢发育出 4 指、后肢的指还在分化时，雄鲵才离开洞穴。

在仿生态繁殖中，大鲵产卵后一般有两种处理措施：一是产卵后，赶走大鲵捞出受精卵，放入室内孵化池进行孵化；二是由雄鲵护卵孵化，出苗后再把大鲵苗捞出放入室内培育池（图 2. 30 至图 2. 32）。实践证明，这两种办法孵化率都不高，那么，看到大鲵产卵后，什么时候捞出来比较合适呢?

受精卵在雄鲵的保护下，可以顺利进行胚胎发育。雄鲵可以有效地阻止敌害或其他大鲵对受精卵的危害，更重要的是雄鲵分泌的黏液具有抗菌作用，可避免发育中的卵受到感染。如果产卵、受精后就将卵捞出，进行

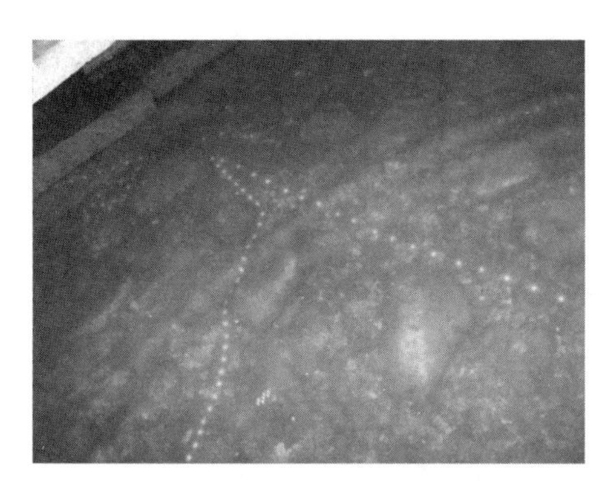

图 2.30　产于仿生态池中的卵

图 2.31　收集池中的卵

图 2.32　仿生态条件下鲵卵的孵化

人工孵化，没有雄鲵分泌黏液的保护，早期鲵卵的死亡率会比较高。因此应在出膜之前将大鲵卵捞出，放于室内孵化池进行人工孵化（图 2.33 至图 2.38）。根据我们的经验，在大鲵出膜前一个星期左右捞出，在人工条件下孵化，孵化和出苗率较高。

2. 及时投喂

鲵苗出膜后，经过 30 ~ 35 天的内源营养阶段，在卵黄囊未完全消失时，即开始摄食外源性食物，经过 5 ~ 10 天的混合营养阶段，待卵黄囊完全消失

图 2. 33　调整孵化框位置

图 2. 34　观察胚胎发育状况

图 2. 35　孵化后保持一定量的流水

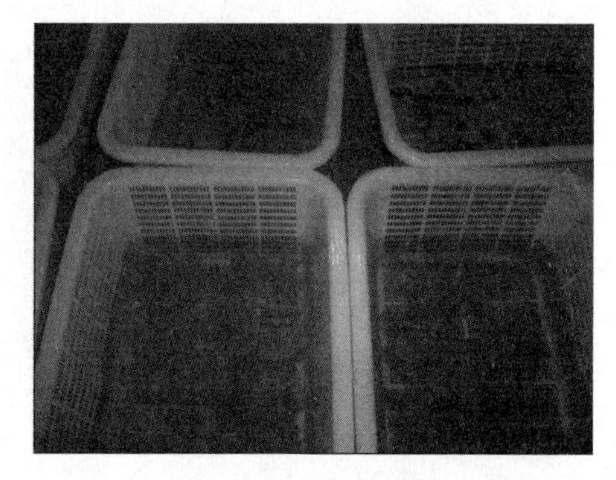

图 2. 36　鲵卵开始孵化

图 2. 37　仿生态条件下鲵卵的孵化

图 2. 38　孵化卵黄囊鲵苗

后进入外源性营养阶段。在混合营养阶段，即鲵苗的开口期，虽然有部分卵黄可作为营养源，若不能及时得到外源食物，也将导致鲵苗死亡。

出膜后约56天，稚鲵可长至体长4.9～5.7厘米，体重1.3～2.1克，体侧有13～14个肋沟。此时，其在水中爬行活跃有力，触觉敏锐，但视力差，表现出忌光的特性，常栖息于有遮蔽的物体下面，虽有外鳃，但每隔1～2小时会将头伸出水面呼吸，进行气体交换。此阶段投喂应以夜间投喂为主。

出膜后约120天，体长可达5.0～9.8厘米，体重达1.3～6.0克。前肢长齐4指，后肢长齐5指，在水中爬行活跃，运动力明显增强。有外鳃，开始用肺辅助呼吸。能充分消化食物，约30天蜕皮一次。

出膜后约270天，平均体长约12.5厘米，平均体重约16.57克，外鳃开始退化。鲵苗在1年后约有50%完全变态，此时平均体长15.0厘米，平均体重24.05克。

四、产后管理

1. 水温的调节

由于仿生态池中受精卵还在经历胚胎发育的过程，因此，应保持水温稳定，水温不得超过22℃。

2. 亲鲵的投喂

亲鲵产卵后，体质较弱，活动力差，应定期向池中投喂新鲜死饵料，次日将剩余的饵料从池中捞出，避免水质恶化。

注意观察池中是否出现未及时捞取的受精卵，根据受精卵的发育情况，要及时将其捞出，放入孵化室进行孵化。

第三章
大鲵人工养殖

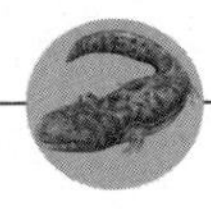

大鲵人工养殖从广义上讲，应包括大鲵亲本驯养、苗种繁育、稚鲵、幼鲵与成鲵饲养的全养殖过程。从生产阶段划分，大鲵养殖分为苗种繁育、幼鲵养殖及成鲵养殖三个阶段，从实际生产中来说，各阶段又相互交叉，一个大鲵驯养繁殖场主要以苗种繁育为主，同时兼有亲本培育、苗种繁育、稚鲵养殖三个功能，成鲵养殖场一般会从幼鲵直接养殖到成鲵，直至上市销售。

不论如何划分，养殖场都应根据大鲵不同生长发育阶段的特点，按照其营养、生理、病理、生态的规律进行科学饲养及管理。为便于介绍，本书将大鲵养殖划分为稚鲵期、幼鲵期、成鲵期和亲鲵期四个阶段分节介绍养殖技术要点，亲鲵养殖技术上章已介绍，本章不再赘述。

稚鲵期：从大鲵孵化出膜到外鳃完全退化前的发育阶段。也就是说，大鲵有鳃的时期，都属于稚鲵期。该阶段一般由驯养繁殖场完成。

幼鲵期：从大鲵外鳃完全脱落至 4 龄阶段。商品大鲵养殖场一般会选择从该阶段开始养殖，当然，其苗种成本会比从稚鲵期开始养殖要高，但成活率高。

成鲵期：4 龄以后的养殖时期，即性腺开始成熟阶段。此阶段养殖大约为一年时间，有经验的养殖场在该阶段会进行大鲵初步筛选，或上市销售，或转入后备亲鲵培育阶段。

亲鲵期：5 龄以上。该时期一般会由大鲵驯养繁育场进行。

上述四期划分原因：①大鲵属变态发育的两栖类动物，变态过程是稚体和幼体的分界线。进行鳃呼吸的阶段包括利用卵黄作为营养的仔鲵期和开口摄食后的稚鲵期，结束鳃呼吸行肺呼吸后就进入了幼体时期，称为幼鲵期。②从野生和养殖的大鲵看，4 龄后性腺开始成熟，有产卵的现象，因而从 4 龄以后化分为成鲵期。由于从外形上不能区分大鲵的年龄，结合 4 龄大鲵的平均体长、体重的情况，更为直观，因此，一般把体长 40 厘米，或体重 350 克作为划分幼鲵和成鲵的分界线。③为了便于养殖生产安排，把亲鲵作为一个时期来划分。

在野外，发现体长 40 厘米（体重 350 克）的大鲵有产卵的报道，但在人工养殖中，养殖第二年、第三年就达到或超过 350 克体重，但性腺尚未成熟。因此，这里提到的体长和体重指标主要指人工养殖的情况。四个时期的基本情况见表 3.1。

表 3.1　大鲵不同时期的划分

	稚鲵期	幼鲵期	成鲵期	亲鲵期
体长	<15 厘米	15 ~ 60 厘米	>60 厘米	>70 厘米
体重	<0.025 千克	0.025 ~ 4 千克	>4 千克	>5 千克
年龄	<1 龄	2 ~ 4 龄	4 ~ 5 龄	5 龄以上

注：由于不同养殖条件下，大鲵的生长速度不一，且大鲵个体生长差异也较大，表中数值仅供参考。

第一节　养殖前的准备工作

一、办理大鲵养殖等相关许可证

大鲵属于国家二级保护动物，养殖大鲵前，从业者需到当地县级渔业行政主管部门提出申请，经审核签章后，再报省级渔政主管部门批准，办理《水生野生动物驯养繁殖许可证》，销售要办理《水生野生动物经营利用许可证》，运输要办理《水生野生动物运输许可证》。否则属于非法行为。

二、养殖区的准备

1. 养殖池（图 3.1 和图 3.2）

养殖池一般设置在室内，按用途可分别建设孵化池、稚鲵池、幼鲵池、成鲵池和亲鲵池。如果该地区夏季炎热，水温易连续多日超过 25℃，养殖池应建设在隔热的地下室或安装空调设施。其结构为混凝土、砖混、玻璃、塑料或其他结构，不论采用哪种材料建设，均需保证坚固不渗漏，进排水方便，形状以长方形为宜。养殖池建设标准参考附录五：商品大鲵养殖池标准图。

图 3.1　工厂化养殖池

图 3.2　室内养殖池

养殖池池壁、池底要求光滑，池底平坦且向排水口一侧倾斜，倾斜度为1°~2°；进水口呈多孔状，高于水面10~20厘米，出水口的高度可随意调节，起到控制池内水位的作用。一般用PE管（聚乙烯塑料管）制成，一头固定在养殖池的底部，略低于池底，有利于集污排污，并设置防逃网栅；另一头在池外排水渠处，可上下活动。成鲵池的池顶高于水位20~40厘米，防止大鲵翻越，池内可设置用于大鲵藏身的盖板，盖板距池底高度视大鲵规格而定，一般为10~15厘米。具体建设要求可参照表3.2。

表3.2 养殖池建设要求

养殖池种类	面积（平方米）	长宽比	池高（厘米）	蓄水深（厘米）	建设要求
稚鲵池	0.5~1.0	1:1~1:0.4	20~30	5~15	池壁、池底用瓷砖贴面
幼鲵池	0.8~1.5	1:1~1:0.4	30~40	10~20	
成鲵池	3.0~5.0	1:1~1:0.4	50~60	20~30	建造三种以上规格，以便及时分池饲养
亲鲵池	1.5~3.0	1:1~1:0.4	50~60	20~30	

为了方便管理，各类养殖池应按照养殖生产的流程次序进行排列。在有条件的情况下，按1年的养殖周期将稚鲵、幼鲵和成鲵的养殖划分为相对独立的1龄车间、2龄车间和3龄车间等。

无论是人工溪流、洞穴，还是养殖池，凡是新建首次使用的，一定要用清水浸泡3~6次，尤其是水泥池，使用前一定要采取必要的除碱措施，可用醋酸水溶液浸泡3~4次，再用清水浸泡3~4次，等水泥中碱性物质基本清除干净后才能使用，以防止水泥的碱性溢出物伤害大鲵。整个浸泡过程需要20~40天，新建水泥池需要浸泡的时间更长，一般需要1~2个月。

2. 养殖池消毒

因为碱性环境会对大鲵造成致命伤害，因此，新建的养殖池，特别是水泥池，必须浸泡待其碱性消失，pH 值稳定在 7.0 左右，呈中性或弱酸性时，才可以放养苗种。在放养前 1 周，将新、旧养殖池的四壁及池底洗刷干净，排出泥沙和污物后，再用 30×10^{-6} 的漂白粉或其他药物消毒，然后用清水冲洗干净，待漂白粉的药性消失后注入新水，方可放养苗种。最直观的方法是，可先在池中放些鲤鱼、鲫鱼等鱼苗试养 2～3 天，观察无不良反应后再投放大鲵苗种。

3. 养殖池编号

养鲵池要统一编写号码，即在养殖池上用油漆等写上固定编号，做好造册登记、建立档案，便于在引种大鲵及在养殖过程中进行监护和管理（图 3.3 和图 3.4）。

图 3.3　玻璃池的编号

图 3.4　水泥池的编号

4. 配套设施检查

检查水体消毒系统、进排水管、养殖室入口消毒设备等，看是否能正常工作。检查栏栅网有无破损，检查过滤池、过滤装置及控温机器有无故障，如发现问题，及时维修处理。

5. 建章立制，岗前培训

养殖人员必须经过培训，使其具备并掌握大鲵养殖有关知识和养殖区工作环境。同时，制定大鲵养殖管理规定、养殖技术规范、养殖人员、管理人员、安全人员等工作职责以及养殖场卫生防疫、苗种引进等制度。

6. 饵料准备

开始养殖前应根据大鲵不同阶段的食性，准备好充足的饵料。尤其是在稚鲵卵黄囊消失到摄食外源性食物的开口阶段，此阶段其消化器官虽发育成形，但消化能力较弱，因此，开口饵料的适口性及好坏直接影响其成活率及后期的生长速度。幼鲵及成鲵养殖阶段饵料准备相对简单，只要选择适口饵料，按照年度投喂计划按月提前备足即可。

第二节　稚鲵培育

稚鲵期是大鲵胚后发育中最脆弱的时期，此期间鲵苗环境适应能力差，对疾病抵抗力差，对营养的需求高，需要有相对较高的养殖和管理技术；养殖和管理不善，将直接影响养殖成活率及后期的生长发育。因此，养殖人员必须熟悉该时期大鲵的特点和生活习性，进行养殖和管理。

稚鲵期有三个关键期，即开口前期、混合营养期和脱鳃期。度过了这三

个关键期，鲵苗就能顺利进入幼苗期的生长，并为后期良好的生长发育奠定基础。该阶段的培育要求技术相对较高，苗种成活率低，风险大，所以一般是由驯养繁育场承担，商品鲵养殖场不会从该阶段开始养殖。

开口前期是指鲵苗卵黄囊期，即从孵化出膜开始到卵黄囊完全消失的时期（图3.5），此期的营养物质全部来自卵黄囊，大约为30天左右；混合营养期是指处于从开口摄食外源性营养物质到外鳃开始脱落的阶段，此阶段大约经历5~10天，其营养物质一部分来自卵黄囊，一部分来自摄取的食物；脱鳃期，即从大鲵完全依赖外来性营养物质至外鳃完全脱落的阶段。

图3.5　鲵苗卵黄囊期

一、开口前期饲养管理

1. 阶段特征

刚孵化出膜的鲵苗，形似蝌蚪，体长2.6~3.0厘米，体重0.25~0.31克。鲵苗头基部左右两边有三对桃红色的须枝状外鳃，每个鳃枝长有14~16束绒状毛须状物，由于鳃上有大量血管，鳃呈桃红色。吻端正上方有一对鼻孔，头前方背面两侧有一对深黑色的小眼睛。身体由于卵黄囊的存在向腹部弯曲，其背部、尾部及头部的体表均匀分布黑色素细胞，呈灰黑色，腹部浅黄色。腹部由于卵黄囊较大，腹腔呈长椭圆形囊袋状，囊内的卵黄是鲵苗生活的营养来源，卵黄囊上分布着网状血管。鲵苗前肢呈扁铲状，仍未分叉，后肢呈棒状。侧卧培养箱底，运动量十分少，游泳能力弱，仅依靠尾巴在水中做摆动，做间隙式运动，1～2小时侧游窜动一次。

出膜约第6天，约2/3的卵黄囊上分布有黑色素，个别鲵苗开始平游，活动频率增加，心脏结构简单，一心室一心房；出膜约第15天，整个身体变为黑色，肝脏已经形成，肾脏开始形成，前肢指有3～4个分叉，后肢指刚开始分叉；身体腹部两侧开始出现2～3个皮褶，开始集群成团，大多数鲵苗可以平游，少数仍侧卧于水底，此时具有避光性；出膜约第26天，体长约4厘米，体重约0.42克，前肢长齐4指，体侧有13～14个肋沟，褶皱明显，后肢二叉三指，消化系统发育基本完善，为摄食外源性饵料作准备；幼苗出膜第32天左右，体长4.5～4.8厘米，体重0.5～0.8克，后肢5指，体色褐黑色，腹部浅灰色，卵黄消耗完毕。此时，鲵苗身体已能保持平衡，可在水底做短时的缓慢爬行，用尾做辅助游动。

2. 稚鲵投放

①培育池面积不宜太大，适宜面积0.5～1.0平方米，池内水流均匀，无死角；每平方米投放稚鲵200～400尾，随着个体的生长，逐渐分池，减小放养密度，最后减少到每平方米100尾左右。具体可参考表3.3。

表3.3　不同体长稚鲵放养密度表

幼鲵规格	放养密度（尾/米^2）
约4厘米	200～400
4～10厘米	100～200
10～20厘米	50～100

②用筛绢网将出膜的稚鲵捞出，放入白色盆中，并加入1/3的净水，经人工挑选，将健康合格的稚鲵移入稚鲵池，上述操作过程中要保持稚鲵池与盆内水温一致。

3. 养殖管理

（1）水温调控

此期的鲵苗生长发育最适温度为16～22℃，刚出膜的鲵苗体质娇嫩，环境适应能力差，生态环境条件轻微改变就会造成鲵苗大量死亡。因此，要特别注意水温昼夜变化不超过±1℃，理想水温应控制在18～20℃。

在自然条件下，水温的昼夜变化较大，对卵黄囊期鲵苗的影响很大。因此，养殖场需要购置水温调控设备，以保证水温恒定，提高成活率。

（2）水质调节

水质是否优良，关系到培育的成败。此期鲵苗主要依靠吸收卵黄作为营养物质，消化系统逐步发育完善，没有排泄物，箱底也比较干净，可以用塑料盆、塑料箱换水养殖。

养殖管理中，每3天换水一次，换水量为盆或池内水量的1/3，保持水深5～6厘米，在距水面2厘米处悬挂增氧砂头，24小时曝气增氧，进气量控制合适，以刚好有细密气泡缓缓冒出为宜。

（3）光照要求

卵黄囊期鲵苗具畏光性，此期要在黑暗环境中培养。

（4）疾病预防

此期主要的疾病是水霉病。鲵苗生活的温度刚好适宜水霉的生长，一旦水质恶化或鲵苗抵抗力下降，水霉就会大肆生长，此期要特别注意做好水霉病的预防，方法可参考第五章内容。

二、开口后期养殖管理

1. 阶段特征

经过 20 天左右培育，卵黄囊还未完全消失，鲵苗就要开口摄食。此时期一个明显的特点是鲵苗仍由部分卵黄提供营养物质，同时开始摄食外源性营养物质。

这个时期要注意以下两个方面：一要及时投喂。此时期鲵苗发育存在一个不可逆点，即鲵苗耐受饥饿的时间临界点，饥饿到该点时，若不及时投喂，尽管鲵苗还能存活一段时间，但已虚弱得不可再恢复摄食能力。二是投喂饵料应适口、适量。此期消化系统尚未完善，消化能力弱，吞食的食物还不能充分消化，不能投喂过多的饵料。

2. 养殖管理

（1）适时投饵

此阶段投饵时机选择非常重要，投饵过早，鲵苗还没有开口，不具备摄食能力，饵料生物在水中不仅要消耗大量氧气，而且排泄物还产生污染，变坏水质；投饵太迟，过了饥饿的时间临界点，其捕食能力急剧下降，摄取不到饵料，或者已闭口不进食，导致死亡。

（2）开口饵料

开口饵料可以选择摇蚊幼虫（图 3.6）、枝角类蚤状蚤、隆线蚤、人工培育的水蚯蚓（图 3.7），还可以投喂搅碎的小鱼、小虾等。实际生产中，由于人工培育的水丝蚓适口性好，营养价值高，购买方便，是普遍选择的一种开口饵料。

图 3.6 摇蚊幼虫

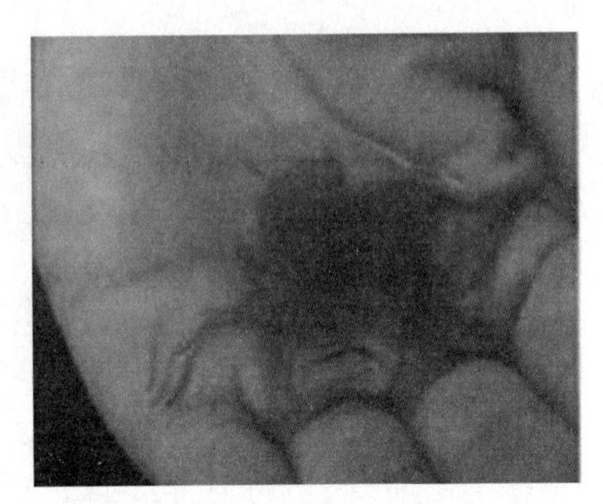

图 3.7 水蚯蚓

（3）饵料准备

一是饵料大小适口。饵料规格约占幼鲵体长的 10% ~15%，随着鲵苗的逐渐长大，饵料的颗粒应逐渐增大，以保证饵料的适口性；二是要干净，无泥、无污物、无变质，水蚯蚓在投喂前应浸泡消毒，再用清水漂洗后投喂；三是活动能力弱，游泳速度慢于稚鲵，便于摄取；四是最好选择活体饵料。

（4）投饵方法

此阶段鲵苗还有少量未吸收完的卵黄可以供其利用，其摄食量不大，饵料投喂不宜太多。具体可参考表 3.4。

表 3.4 不同阶段大鲵投喂量及投喂频率

规格	投喂量	投喂频率		饵料种类	饵料处理
开口期	投喂后 1 小时内略有剩余为宜	18 ~22℃	隔 1 天 1 次	红线虫、卤虫	用 3% ~5% 的食盐水浸泡 2 ~3 分钟，洗净后投喂；如果是冰冻的，先解冻，再用 1% 食盐水消毒 30 分钟，漂洗干净后投喂
		15℃左右	隔 2 天 1 次		
		10℃左右	隔 3 天 1 次		

续表

规格	投喂量	投喂频率	饵料种类	饵料处理
4个月	鲵体重的4%～5%，少量多投	每天投喂1～2次	切碎去壳剔骨的小虾或小鱼	用3%～5%的食盐水浸泡2～3分钟，洗净后投喂
6个月	鲵体重的3%～4%，少量多投	根据吃食和水温情况确定投喂次数	小虾、小鱼，或去头的鱼、虾等	用3%～5%的食盐水浸泡2～3分钟，洗净后投喂
1年以上	鲵体重的2%～4%，少量多投	根据吃食和水温情况确定投喂次数	适口的鱼、虾等水生动物，或切片鱼、动物肉块等	用3%～5%的食盐水浸泡2～3分钟，洗净后投喂

（5）工具消毒

用于鲵苗的养殖工具，要做到专池专用，每次使用后要用食盐或高锰酸钾溶液浸泡消毒。常用方法：

①聚维酮碘（含量10%），每立方米水体用2～3毫升，浸浴，一天一次，连用3天。

②溴氯海因粉（含量8%），每立方米水体用50～100克，浸泡6小时以上。

③二氧化氯，每立方米水体用50～100克，浸泡6小时以上。

④高锰酸钾，10×10^{-6}水溶液浸泡。

3. 注意事项

①操作轻柔细致，尽可能不要用手触碰鲵苗，如要对鲵苗分池等操作，需要用小抄网进行（图3.8和图3.9）。

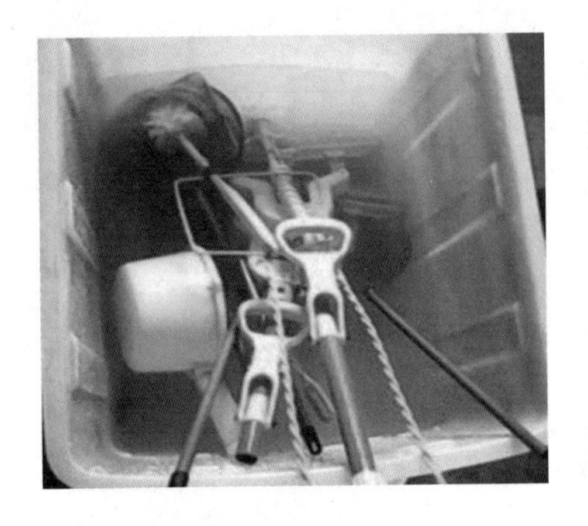

图 3.8　清洁工具

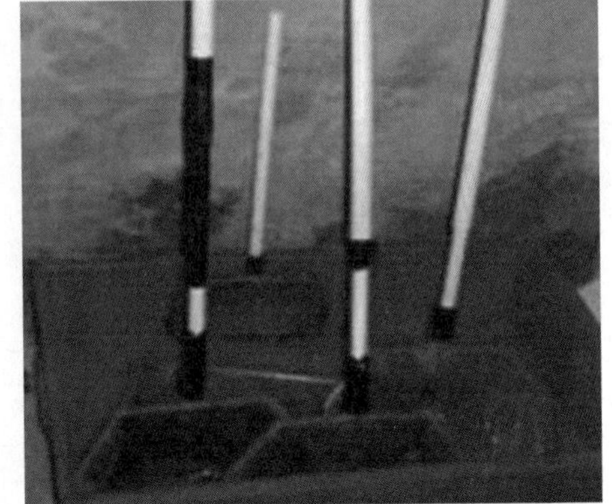

图 3.9　抄网

②早期鲵苗活动能力差，为便于管理和清洗养殖池，一般会置于塑料篮中饲养，随着鲵苗长大要适时分级饲养，培育至6～7厘米时，可直接放入水泥池中饲养。水泥池中要保持微流水，池水不宜太深，以能覆盖鲵体，自由游动即可。

③个别鲵苗由于摄食过多，导致腹部肿胀，无法游动，浮在水面无法下沉。应将这些鲵苗挑出放在塑料篮中，置于养殖池的浅水区，让其平卧，尽量减少其活动，2～3天后，鲵苗腹部肿胀消失后，再放回养殖池。

④发现体表受伤或病变稚鲵要及时隔离治疗。

⑤做好培育车间消毒、通风工作。养殖管理人员每次进入育苗车间，要进行消毒，一般人员尽量不要随意进出培育车间。

三、脱鳃期（变态期）养殖管理

1. 阶段特征

大鲵在生长过程中，有变态发育现象。幼体用鳃在水中呼吸，成体用肺呼吸，可以呼吸空气中的氧气，皮肤作为辅助呼吸器官。鲵苗的脱鳃过程就是一个呼吸器官转变过程，在其生命过程中具有重要意义。

鲵苗在出膜50天左右就开始将头探出水面吞吸空气，而真正外鳃萎缩退化是出膜9个月后。试验表明，脱膜后的幼苗经过120天（平均体长7.7厘米，平均体重3.67克）后，开始用肺辅助呼吸；出膜270天（平均体长为12.5厘米，平均体重为16.57克）后，外鳃开始萎缩，幼苗1周年后有51%完全变态，此时平均体长为15.0厘米，平均体重为24.05克。

脱鳃期鲵苗体长约15厘米，体重30~40克。鲵苗三对外鳃开始慢慢退化脱落，肺逐渐形成，鳃的脱落顺序是从前向后一对一对脱落。外鳃的退化需经历20~30天，当最后一对外鳃消失后，肺已经发育完全，可呼吸空气中的氧气，身体结构趋于成鲵，生活习性与成鲵相同，活动能力强，皮肤也已经能够分泌黏液（图3.10和图3.11）。

图3.10　脱鳃期的鲵苗

图3.11　已脱鳃的鲵苗

2. 管理措施

①脱鳃期是大鲵养殖中的一个危险期。处于脱鳃阶段的鲵苗，管理不慎极易引发鳃部炎症，常表现为鳃丝基部出现炎症，鳃丝呈灰白色或黑色，并附着污物，轻触鳃丝即脱落。这种病很容易造成鲵苗的死亡，并且传播速度

极快，故应特别注意。

防治措施：在鲵苗变态脱鳃时，一定要保证饵料的充足（图 3.12 至图 3.15）和水质的良好，每隔 3～5 天消毒 1 次，用 10×10^{-6}高锰酸钾溶液浸泡消毒。发现此病，应立即隔离，用5%的食盐水浸泡消毒，每天 1～2 次，连续 3 天。

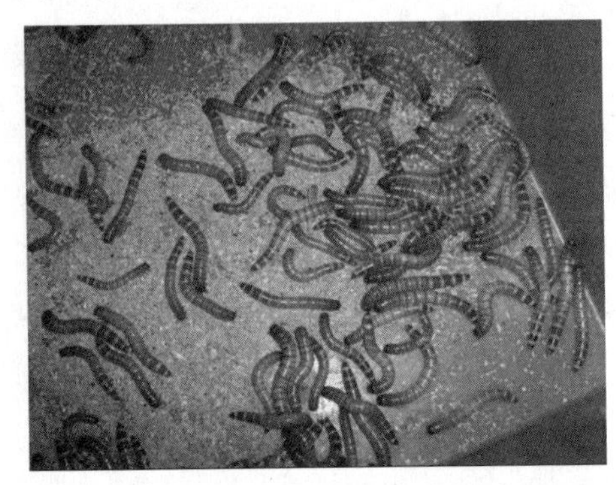

图 3.12　蛋白虫

图 3.13　黄粉虫

图 3.14　冰冻水蚯蚓

图 3.15　鱼苗

②甲状腺素是大鲵脱鳃时必需的物质，而碘是合成甲状腺素的必需物质，所以在这期间必须从外界摄入碘。因此，需要在饵料中添加碘。

③适当减小密度，此阶段密度应控制在 50～100 尾/米^2 为宜。

第三节　幼鲵养殖

幼鲵养殖阶段，因其度过了养殖变态危险期，此后其成活率远高于脱鳃前的稚鲵，对养殖设施、技术要求和管理措施相对要求较低，商品大鲵养殖场，一般会从此阶段开始养殖。

一、阶段特征

脱鳃以后大鲵就进入了幼鲵期，除了性腺未发育外，其他器官已与成鲵一样，只是大小上有区别而已，个体免疫力增强。幼鲵的生长期长，基本上需要三年时间，从体长 15 厘米、体重约 25 克，生长到体长 60 厘米，或体重 4 千克的时期。此期大鲵喜静怕惊，怕光，其特点是具有聚堆的习性（图 3.16），而成鲵则单独活动。生产中亦常细分为 1 龄、2 龄和 3 龄大鲵养殖，调查发现，大鲵在 1～4 龄体重和体长成正比生长迅速，4 龄后随着年龄的增加，体重和体长生长速度开始下降，并逐渐趋于稳定。通过对比分析，1、2 龄大鲵生长速度最快，3、4 龄大鲵年体重增幅最大。

图 3.16　幼鲵聚堆现象

二、养殖前准备

检查调试好供水系统，做好养殖池消毒工作。

做好饵料准备，脱鳃后的大鲵已具备成鲵的特征，此后摄食量不断增大，生长速度加快，如果仍一直摄食红线虫，食量就不够了，这时要适时转换食物，改成以小鱼虾为主。因此，在幼鲵的食性转换阶段，要准备好两种以上饵料，为以后的养殖奠定基础。

食性转换阶段的做法：选择新鲜鱼肉，剔除鱼刺，剁成鱼糜和红线虫一起投喂。开始夹杂少量鱼糜，3 天后再逐渐增加鱼糜量减少红虫量，最终达到全部投喂鱼糜，经过 15 ~ 20 天的喂养，幼鲵食性可全部转换成摄食鱼肉，转换食性后幼鲵可投喂适口的活鱼虾。

三、放养密度

该阶段是大鲵生长最快的阶段。因此，在建设养殖场时应建设不同规格的养殖池，根据养殖时期及时分池饲养，一般每年最少分池一次，将大小基本一致的大鲵放在同一池中饲养，要求同一池中幼鲵规格尽量统一，个体之间相差不宜大于 0. 5 倍。个体特别小、生长慢的要实行单独饲养，通过加强投饵、水质调配等措施提高其生长速度。放养密度可参考表 3. 5。

表 3. 5　不同体重大鲵放养密度表

规格	放养密度（尾/米^2）
稚鲵（5 厘米以下）	200 ~ 400
幼鲵（4 ~ 10 厘米）	100 ~ 200
幼鲵（10 ~ 20 厘米）	50 ~ 100
成鲵（20 厘米以上）	10 ~ 20

四、投饵量及投喂频率

在大鲵整个养殖过程中，幼鲵养殖是生长最快的阶段，是一个养殖场的效益最佳期，因此，在该阶段能否科学投喂管理，体现了一个养殖场的基本技术水平。

幼鲵养殖投喂量一般为大鲵体重的3%～4%，即一次投喂鲵体重3%左右的食物量，第二天根据吃食情况适当补充饵料，随着大鲵体重的增加逐渐增加投饵量。投喂次数一天一次即可。投喂坚持“定时、定位、定质、定量”的原则，使大鲵逐步养成规律性的摄食习惯。

五、养殖管理

①每次投喂饵料前，严格检查饵料质量，不投喂腐败饵料。如果是鲜活鱼虾，要检查其健康状况，并经5%的盐水浸泡消毒后进行投喂。

②投喂饵料要定时。根据大鲵幼苗昼伏夜出，晚间觅食的生活习性，投饵一般在19：00时左右进行，吃剩的饵料第二天及时捞出，避免污染水质。

③腹胀病是由于幼鲵的消化功能不好造成的，通常表现为腹部膨大，浮于水面，游动不便，有时肛门部位还可见粪便粘着。这种幼鲵需要隔离，池水放浅让其腹部能着地，以免消耗太多体能，停食1～2天就可以恢复。

④水泥池中放置盖板，离池底10～15厘米，供幼鲵在下面躲藏栖身（图3.17和图3.18）。

⑤如果引种幼鲵，为防止鲵种体表的病原微生物带入养鲵池，入池前要用1%的龙胆紫药水浸泡15～20分钟或（15～25）$\times 10^{-6}$的高锰酸钾浸泡5分钟，进行体表消毒处理，然后再放入暂养池隔离饲养30天以上，确定无疫病后再分池饲养。值得注意的是，浸泡时，药液不宜过多，用量以淹没大鲵的背部为原则，一定要保持大鲵的头部，特别是鼻孔和眼睛露出消毒溶液，

以防中毒伤亡。

图 3.17　揭开泡沫板观察大鲵

图 3.18　养殖池中的泡沫板

⑥及时分级分池。经过一段时间的饲养，因摄食、消化和吸收的差异，成鲵间的个体大小日益显现出差别，且这种差别会日趋加剧。越是个体大的，其摄食强度越大，生长也越快；越是个体小的，其抢食能力越差，摄食量少，生长越趋缓慢。因此，同一养殖池中的大鲵易出现个体规格大小不一。为了避免弱肉强食，必须及时进行分级分池饲养。

分级分池时应注意：使用的工具要消毒；分级分池前要停食 5 ~ 7 天，防止捕捞时造成损伤。分级分池前后两个养殖池的水温要基本相同，避免较大的池水温差，造成大鲵产生应激反应。

⑦该时期的大鲵由于其自身免疫力处于逐渐增强阶段，也是病害发生几率较大的时期。因此，幼鲵养殖中要特别注意水质的调控和做好疾病预防工作。具体方法可参考第四章内容。

第四节　成鲵养殖

成鲵期 4 龄以后的大鲵，此期的大鲵性腺逐渐发育成熟，具备了人们所了解的大鲵所有特性，如有喜暗怕光、喜静怕惊、喜洁怕脏的特点；代谢旺盛，具夜间摄食的特点；体壮力健，活动力强；喜欢独居，有攻击性；以肺呼吸为主，皮肤呼吸为辅等。

成鲵养殖要比幼鲵养殖容易得多，尤其发病率明显低于幼鲵。养殖者只要按相应的养殖规程操作，用心琢磨成鲵的上述生活习性，就会逐渐摸索出一些养殖技巧，保证养殖的成功。值得注意的是，在养殖条件下，成鲵的密度要远远高于其在自然界中的密度，会带来许多问题，若养殖管理不善，会造成较大损失。

一、饵料种类及来源

1. 饵料种类

（1）自然环境中的饵料

大鲵是肉食性动物，在自然环境中，其饵料主要有：鱼、虾、泥鳅、软体动物螺贝类、水生昆虫、青蛙的卵及幼体等。大鲵的摄食有一定的选择性和季节性，食物结构因环境不同而有所区别。

（2）养殖条件下的饵料

在养殖条件下，饵料主要有以下三类：

①鲜活饵料：方便得到的鱼、虾都可以作为成鲵的饵料，如白鲢、花鲢、鲤鱼、鲫鱼、泥鳅和其他野杂鱼等，各个养殖场可根据本地饵料资源情况决定主要投饵的品种。

②冰鲜饵料：主要是一些个体较大的鱼类，平时置于冰箱，投喂前取出，剔除鱼刺和内脏，切成条状进行投喂。

③人工配合饲料：目前，在一些养殖场中，已开始使用配合饲料进行投喂，但还处于摸索阶段，技术并不十分成熟。

2. 饵料来源

活饵及冰鲜饵料的来源主要有两种，一种是自己养殖：另一种是购买。自己养殖饵料鱼，应配套建设相应的养殖池，一般1 000尾成鲵配备10亩左右的饵料鱼养殖池。购买活饵料应配套相应的暂养池，或在成鲵养殖池排水端预留部分成鲵池作为暂养池，投喂冰鲜饵料为主的养殖场应单独建造冷库或直接购买大容量冰柜，存储饵料。

饵料暂养的目的：一是在暂养池将购买的饵料鱼进行消毒处理，预防饵料鱼携带病原传染大鲵；二是有利于将购买的饵料鱼集中储备，分多次投喂；三是在暂养过程中可针对性投喂某些药饵，有利于预防或治疗大鲵疾病。

二、养殖密度

成鲵放养密度，因个体大小不同而有所区别（表3.6）。

表3.6 成鲵放养密度表

规格	放养密度（尾/米^2）
体长40~60厘米	3~5
体长60~80厘米	2~3
体长大于80厘米	1

三、养殖技巧

成鲵养殖重点是要掌握和熟悉成鲵生活习性，下面根据大鲵的习性提供一些基本养殖管理思路，作为参考。

1. 成鲵喜暗怕光

在养殖过程中，要保持黑暗的环境。有条件的可选择自然山洞，一般可选择在平房或地下室修建养殖池进行养殖，不论哪种方式，都要保证室内避光，空气流通良好。

由于养殖区内黑暗，养殖人员和管理人员进去喂食、巡池时，一般会用矿灯或手电筒等，光线以能够看清楚为原则。在使用矿灯或手电观察大鲵时，注意不能长时间地让灯光照到大鲵，特别是大鲵的头部。观察完后要尽快使光线离开大鲵。

大鲵具有穴居习性，养殖池中应设置盖板，面积占养殖池面积的1/2左右。盖板材质为塑料、陶瓷、水泥等，盖板要求光滑、干净、无毒，要经常清洗，安装或移动方便。养殖人员需要观察具体某个池中的大鲵时，可方便掀开或移动盖板。这块小小的盖板，顺应了大鲵喜暗怕光的习性，人为仿造了洞穴，在养殖中作用较大，是必不可少的。

2. 成鲵喜静怕惊

在养殖过程中，要保持环境安静。大鲵受到干扰、噪音等刺激时，有吐食现象。比如，大鲵被过往行人及车辆所惊吓时极易发生吐食。经常性的吐食会导致大鲵食欲不振、生长发育受到抑制，身体消瘦虚弱，体质变差，还容易感染疾病，会延缓大鲵性腺的成熟等。

需要说明的是，许多养殖场是进行微流水养殖，整个养殖车间内会充满流水的声音。对于大鲵来说，流水声不但不是噪音，反而能促进其性腺生长发育。

建设养殖场应远离村庄、街道，建在比较安静的环境中，养殖及管理人员在养殖区域巡池、投喂时，尽可能地保持安静。

3. 成鲵喜洁怕脏

养殖场首先要有优质的水源，水质各项指标应优于渔业水质标准，接近或达到国家饮用水质标准，pH 值在6.4～8.5。水源选择以山区溪流水、水库水、地下水等清、凉、活水为好，进排水能自流。水量充足，附近没有生活垃圾与工业废水污染。

随着大鲵的生长，摄食量增加，产生的排泄物自然也会增多，极易变坏水质，特别是在夏秋季节。因此，除了经常清除池内残饵和排泄物外，还应定期更换池水，一般每3～4天换水1次，每次换水量为池水的1/3，条件许可最好保持微流水（图3.19），以利于大鲵的生长发育。

图3.19　保持一定量的流水

4. 成鲵夜间摄食习性

根据这一习性，养殖中要尽量选择傍晚投喂。饵料多样化，避免长期投喂单一饵料，要交替投喂不同的饵料品种，这样既能调动大鲵的食欲，又能保证其营养全面，加快生长发育。

（1）活饵投喂

①规格：所投喂的活饵，体长一般为大鲵体长的10% ~15%，一般不超过10厘米。因为大鲵摄食是吞食方式，规格太大难以下咽，且大规格活鱼游动速度快，大鲵捕食困难。

②投喂量：成鲵的代谢旺盛，是增重最快的阶段，要保证饵料的充足供给。投喂量一般为养殖池大鲵体重的3% ~5%。例如，第一次投喂的量是养殖池中大鲵体重的3% ~5%，然后根据大鲵的摄食情况定期进行补充。这样也方便我们了解每个养殖池中大鲵的摄食情况。如果某个养殖池中的饵料鱼好几天都不见减少，说明该池中的大鲵没有进食，养殖人员就要有针对性地了解和检查该池大鲵的健康状况。

一些养殖场为图方便，把较多的饵料鱼放入大鲵养殖池，以节省日常投饵的工作，觉得大鲵吃起来方便，殊不知大鲵有喜静怕惊的特点，很多的饵料鱼一天到晚在身边“窜来窜去”，影响了大鲵的生长，同样投放活饵量太少，饵料鱼游动活跃，大鲵不能顺利捕食，也影响其生长。

一些相关投喂的事例也值得养殖者思考和借鉴。某养殖场以活虾作为大鲵饵料，投喂一段时间后，发现大鲵体表不断出现伤病，体表有小伤口、水霉及溃烂，造成了一定的损失。因这些活虾每次都是消毒后放入养殖池的，一时还找不出病因。后来才发现，问题是由活虾的那对螯足及头顶部的额剑引起的，先是刺伤大鲵表皮，受伤后造成水霉菌感染。因此，要注意避免活饵对大鲵造成伤害。

（2）冰鲜饵料投喂

冰鲜饵料投喂时应做到“四定”，即定时、定位、定质、定量。并注意饵料的合理搭配。

①定时，即每次投喂的时间固定，一般选择在晚上20：00—21：00时投喂。

②定位，即每次投饵的位置相对固定。长此以往，大鲵会形成到该处寻

找食物的条件反射。

③定质，即每次投喂的饵料要确保不变质，投喂之前必须进行严格的消毒处理。

④定量，即在一段时间内，每次投喂饵料的量是基本相同的，根据大鲵的摄食情况进行调整。

（3）投喂注意事项

①大鲵有吞食的习性，饵料中大的鱼刺等尖锐物质极易卡在咽部，因此，冰鲜饵料应剔除鱼骨、刺、鳍，切成条状或块状，并仔细检查，不能混杂铁钉、铁丝等异物。

②每月在饵料中加入适量的维生素，每次一片，每月2~4次。

③要注意饵料鱼的健康状况，出现病害及死亡的要及时捞出，以免感染。

试验表明，将鱼肉切成长条形、正方形、圆形、椭圆形四种不同的形状，分别放到4个正常养殖的成鲵养殖池中（池中没有其他饵料），几天后，长条形的鱼块被吃完，其他几种形状的鱼块没有减少。说明大鲵倾向摄食长条形的鱼块。因此在投喂冰鲜饵料时，要把鱼肉切成长条形或近似条形的鱼块，便于大鲵摄食（图3.20至图3.27）。

图3.20　饵料小鱼

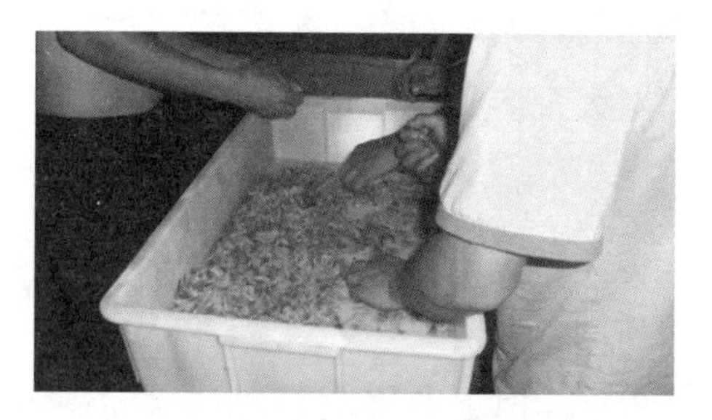

图3.21　去掉虾的头部和壳

图 3. 22　虾

图 3. 23　去掉头部的鲢鱼

图 3. 24　去掉鱼的内脏

图 3. 25　将鱼肉剪成块

图 3. 26　将鱼肉剪成条状

图 3. 27　可以投喂的鱼肉条

（4）驯化摄食的方法

开始驯食时，用喂鱼叉夹住鱼块，在大鲵口前摆动，进行诱食。要多次重复，一般驯化半个月到1个月后，大鲵就对饲养员不再害怕，会主动摄食。每天定时投喂，次日将剩饵捡出，防止残饵腐烂变质污染水质。

5. 成鲵体壮力健，活动力强

成鲵阶段，大鲵体壮力健，活动力强，其在地上或水中运动较为敏捷，也能爬高顶重，逃跑能力特别强，稍有不慎便会逃逸，因此，养殖中应注意防逃，尤其在下暴雨、有雷电的天气更要注意。

为防止成鲵逃跑，养殖池的深度应该在成鲵体长的一半以上，但也不能太高，否则管理操作不方便。养殖池和整个养殖场所有进出水口和陆上通道口都要安装防逃设施，防止大鲵外逃。

6. 成鲵喜欢独居，有攻击性

幼鲵喜欢集群，成鲵喜欢独居。成鲵时期，养殖密度要小，越大的个体养殖密度要越少。若一个养殖池中的成鲵不是自幼鲵一起长大的，而是来源于不同的养殖池，或是来源于不同的养殖场，它们打架会很凶，养殖户应特别注意。

大鲵在缺乏食物时，会出现同类相残的现象，甚至以卵充饥。鲵体受伤后易导致疾病发生。因此，要保证养殖池中饵料充足。

7. 成鲵以肺呼吸为主，皮肤呼吸为辅

对大鲵缺乏了解的养殖者会在养殖池中放很多的水，像养鱼一样。其实不然，成鲵主要用肺呼吸，如果大鲵因水太深而不能呼吸空气中的氧气，是会憋死的。因此，成鲵养殖池中水不宜太深，一般水深为大鲵体高的1～2

倍，能将头自由抬出水面呼吸即可。

有的养殖场在修建成鲵养殖池时，会在池子的一边修一个高出水面的平台，平台经斜坡至池底，大鲵可以从水中爬到平台上去，这种办法既符合了大鲵两栖爬行的特点，又满足了肺呼吸的特点，平台还可以作为投喂冰鲜饵料台，便于投喂、观察和清理。

四、养殖管理

1. 档案管理

一个管理科学技术成熟的大鲵养殖场，不论是从驯养繁殖、苗种培育还是成鲵养殖的企业、个体户都应建立一套完善的管理制度，做到勤记录。记录格式可参考本书文后附录一。

①对所有养殖池进行统一编号，保证场内每个养殖池有明晰唯一的号码标识。

②对养殖的所有成鲵进行统一编号，建档记录。包括引种的年月日、产地、价格、体重、全长、性别、身体的特殊记号等。

③做好生产日志，掌握摄食情况，建立详细的生长档案，每月称重 1 次，包括投饵种类、投饵量、摄食等情况，以便及时调整投喂量和掌握大鲵增重情况。

④做好病害防治及用药记录，掌握病害出现及防治情况，建立详细的病害防治档案，每月总结 1 次，以便及时总结大鲵病害防治的效果，积累经验，为以后的病害防治提供参考。

2. 季节管理

①春节以后，水温逐渐升高，应观察成鲵是否开始摄食，发现摄食后可

及时投喂，保证成鲵的营养需求，促进其生长发育。

②做好夏季防暑降温工作。当水温升高至24℃以上时，大鲵摄食量会下降，当水温更高时，成鲵易死亡，因此，要及时采取措施降低水温。

3. 日常管理

成鲵期的日常管理工作可归纳为：三巡、三看、三动手。

（1）三巡：上午、下午、晚上要巡池

养殖人员每天要巡池三次，即上午、下午和晚上都要在养殖区域进行巡视。一是巡查养殖场。查看相关设施是否正常运行，蓄水池的水够不够，水是否因暴雨等变浑浊，饵料鱼塘有无异常情况等。二是巡查养殖区。检查养殖设备是否正常运转，室内空气是否流通、光线是否适合，是否有大鲵从养殖池爬出来等。三是巡查养殖池。巡查各个养殖池及大鲵的情况，各池进排水是否正常、水位是否合适、水质是否清新、哪些养殖池脏了需要打扫等。

（2）三看：看大鲵、看饵料、看粪便

在巡查养殖池中，主要还是要了解大鲵的情况，即看大鲵、看饵料、看粪便。看大鲵，即观察每尾大鲵的具体情况，观察大鲵活动是否正常，从头到尾的体表是否有伤、有腐皮、有充血等，四肢是否有伤，有无离群独游的个体、有无吐食现象等。看饵料，即观察每个养殖池的饵料剩余情况，若是活饵，也要看饵料鱼是否健康，病或死的饵料鱼要及时捞出；若是冰鲜饵料等，看其是否腐烂变质，剩余量的多少。看粪便，即观察水中大鲵粪便的状态。大鲵的粪便能及时反映它的健康状况，大鲵粪便是颗粒状还是散于水中，颜色是否有异常等都表明它处于不同的健康水平，有经验者可通过粪便及时发现大鲵的病情。

（3）三动手：动手呵护大鲵、动手处理饵料、动手打扫养殖池

通过三巡、三看，了解了养殖的具体情况，处理好相关问题后，就开始

动手干下面三个重要的活了。一要动手呵护大鲵（图 3.28）。将弱鲵挑出，放入另外的养殖池进行特别饲养。将有伤、表现异常的大鲵选出，置于观察室进行隔离治疗。同池大鲵个体差别较大的要及时分池饲养。对于正常的大鲵，千万不用手去碰它，不惊动它就是对它最好的呵护。二要动手处理饵料。捞出饵料鱼中的病鱼、死鱼；捞出前一天投喂剩下的鱼片；根据每个养殖池饵料消耗情况及时进行补充。三要动手打扫养殖池。打扫由于残饵、粪便沉积而有些积垢的养殖池。打扫养殖池的工作量大，要做好计划，分次打扫，刷干净后，用高锰酸钾水浸泡消毒。在确保高锰酸钾溶液洗净后，放入清水，作为备用养殖池。

图 3.28　抱大鲵的正确姿势

第五节　商品大鲵质量要求

人工养殖大鲵经过幼鲵养殖期，4 龄左右即达到上市规格，或在成鲵养殖阶段，经过逐步挑选，性腺发育良好的留作后备亲鲵培育，其他成鲵可逐步上市销售。养殖场在销售大鲵时除了应办理相关手续外，在销售前，应做好产品检测工作，检查是否符合质量安全要求和相关卫生标准，在保障本场利益的同时，保护好消费者利益。

一、感官要求

大鲵感官要求见表 3.7。

表 3.7 大鲵感官要求

项 目	苗 种	成 鲵	亲 鲵
外观	体表无损伤，无畸形	体表光滑湿润，无伤，无病灶	体表光滑湿润，身体呈略扁圆柱形，头大阔扁
活力	四肢爬动有力，收缩自如，尾巴摆动快，行动敏捷	体质健壮，活动力强	体质健壮，活力强
规格	同批次规格齐整。躯干部粗壮，头宽短		体重 2 千克以上
寄生虫	不得检出		
外表皮肤	背部皮略厚，疣粒粗糙，无光质感		
体 色	体色浅		
外 形	尾部肥厚，笨拙，肌肉松软		
反 应	反应温顺		

二、理化指标

大鲵成鲵肉质理化指标见表 3.8。

表 3.8　大鲵肉质理化指标

项　　目		指　　标
水分	≥	76
粗蛋白质（%）	≥	16
粗脂肪（%）	≤	3
必需氨基酸	≥	5
硒（毫克/千克）	≥	0.35
锌（毫克/千克）	≥	40

三、安全卫生指标

大鲵成鲵安全卫生指标除符合 NY 5070《无公害食品 水产品中渔药残留限量》规定外，还应符合表 3.9 中安全卫生指标。

表 3.9　大鲵成鲵安全卫生指标

项　目	指　标 （毫克/千克）
汞（以 Hg 计）	≤0.5
砷（以 As 计）	≤0.5
铅（以 Pb 计）	≤0.5
镉（以 C 天计）	≤0.1
多氯联苯（PCBs）	≤0.2
滴滴涕	不得检出
六六六	不得检出

第四章
病害防治

第一节　大鲵疾病发生的主要因素

一、内在因素

①体表损伤，自身抗病力减弱时。大鲵的皮肤及其分泌的黏液是抵抗外界病原微生物和寄生虫侵袭的重要屏障，其对某些疾病具有天然的抵抗力，这是在漫长进化过程中获得的、天生就具有的一种遗传特性。因此，其功能的损伤或减弱是大鲵致病的关键因素之一。另外，大鲵属两栖爬行类动物，皮肤是其重要的呼吸辅助器官，一旦皮肤受到伤害势必影响到大鲵的新陈代谢，从而致使体质虚弱而染病。

②个体免疫力的不同，对疾病的抵抗力存在较大差异。对某些特定病原，不同个体对其有不同的抵抗力，这种能力与个体的健康状况或可能与遗传因子有关，通称特异性免疫，是经后天感染（病愈或无症状的感染）或人工预防接种而使机体获得抵抗感染的能力。

③大鲵为卵生的变温动物，其胚胎发育和变态发育容易受到外界环境的

刺激而发生异常。如病毒感染、重金属或农药中毒、维生素缺乏、射线照射、缺乏氧气、外来机械力刺激等，使原来正常发育的组织和器官病变、坏死、受压变形，出现有发育缺陷甚至畸形的个体。

④某些疾病的发生和消亡与大鲵的年龄有关，或仅仅在某个年龄段才患某种疾病，如细菌性腹胀病、水肿病通常容易感染1龄大鲵苗种。

二、外在因素

大鲵病害发生的外在因素较多，但主要表现在以下几方面。

①受伤未及时处理。大鲵肌体一旦受伤，病原极易入侵，不但导致伤口部位发生炎症，还由于一些病菌的侵入，造成全身感染，引起并发症。

②长时间处于溶氧不足的水体。在养殖水体中，投喂饵料、动物养殖密度、动物排泄和排异、水温升高等都能消耗水体中的氧气。大鲵不像鱼类，缺氧会立竿见影地出现死亡，它在缺氧环境下仍然能够存活，但其皮下毛细血管因缺氧而影响到新陈代谢，使之功能丧失而得病。

③中毒。一般意义的中毒是指对重金属、农药及化学物质的中毒。但从生态意义而言，同类动物之间的过度应激刺激所产生的分泌物质，在某种意义上其浓度达到一定水平就可“中毒”。其症状常常是躁动、不安、孤僻、厌食、自残等。

④滥用药物。盲目用药、超剂量用药，不但易于引起药害和造成水质污染，而且极易造成病原体耐药性增强，增加治疗的难度，或者导致病原体发生突变，形成新的致病力更强的病原体。特别是抗菌类、杀虫类药物，一旦盲目用药，极易造成次生危害。

⑤饵料营养物质不够全面、变质或暴食。长期投喂营养物质不够全面或者腐败变质的饵料，或投喂方法不当，造成摄食过多等，很容易造成大鲵的营养缺乏，或消化不良，或食物中毒，导致肠炎、腹水腹胀及营养性等疾病

的发生。

⑥养殖环境恶化。如水温、溶氧的突然变化，或者是硫化物、氨氮等有害物质的增加，容易造成大鲵的应激反应，致使其抵抗力下降，受到病原体的侵袭。室内空气长期不流通或流通不畅，也能诱使大鲵发病。

⑦携带外来病原。由于缺少疾病基本常识，未及时发现生病大鲵，误将一些病鲵或携带病原体的生病大鲵与健康大鲵放到一起饲养，或者在引进外来大鲵时，不进行隔离观察，直接与本场大鲵混养，造成交叉感染。

第二节　影响用药效果的主要因素

治疗药物作用的效果主要取决于效应部位游离药物浓度的大小和浓度维持的时间。效应部位药物浓度与药物本身（药物剂型、给药剂量等）、动物机体状况（动物年龄、种类、性别等）及环境因素有关，因此，在制定药物的给药方案时，应综合考虑各种因素的影响。

一、水环境对药效的影响

水生动物离不开水这个大环境，除注射药物和灌服药物外，无论是拌饵投喂还是泼洒用药等都需经过水环境，因此，水环境的各种变量参数对药效都有一定的直接或间接影响。

1. 水温对药效的影响

一般来说，水温每升高 10°，药物的药效会增大 2 ~ 3 倍。水温越高，药物的作用越大，动物吸收速度越快，疗效也越高。但有些药物的药效与水温呈负相关，温度低时药效好。

2. 光照对药效的影响

除了对光敏感的药物外，光照对药物药效的影响不大。但是如果药物的作用与光合作用有关，如用于杀藻的药物，则光照就与药效有关。

3. 酸碱度（pH 值）对药效的影响

一般而言，偏酸性药物在 pH 值 7.0 以下的水体中施用会比较稳定，在碱性水体中施用就会发生化学反应，同样偏碱性药物在酸性水体中会发生化学变化，其药效会减弱或者失效。

4. 盐度对药效的影响

一般来说，随着盐度的升高，药物的药效也随之降低。

5. 悬浮物（混浊度）对药效的影响

悬浮物较多的水体，用药量应适当提高，否则会影响疗效。

6. 有机质对药效的影响

水体中的有机物质对药效的影响有三方面：一是有机质在病原体表面形成一层保护层，妨碍了药物与病原体的直接接触；二是有机质与药物（如消毒剂、杀虫剂等）结合，降低了药物的溶解度；三是有机质与药物作用，可能会产生新的化合物。

7. 可溶性化学物质（氨氮等）对药效的影响

可溶性化学物对药效的影响主要来自两方面，一是直接和药物发生作用，产生一定的（如中和、沉淀等）化学反应，从而降低药效；另一方面，氨氮、亚硝酸盐等对水体因子以及浮游生物的组成有极大的影响，从而影响药效。

8. 其他因素

对于开放性水体的局部用药来说，水流过大，水体交换速度快，药物很快被稀释，或被冲走，难以达到用药的效果。

二、养殖模式对药效的影响

不同养殖模式由于生态条件、水文、水质条件不同，对药物的使用也有一定的影响。

1. 仿生态养殖对药效的影响

仿生态养殖模式，主要由于养殖环境相对开放，用药准确性比较低；其次水草、土壤等的吸附作用也会影响药效。

2. 工厂化养殖对药效的影响

相比其他模式而言，工厂化养殖的可控程度最高，可有目的地降低其他干扰因素，尽可能降低其他条件对药物效果的影响。

第三节　使用药物的基本原则

一、药物使用原则

合理用药就是在了解疾病和药物的基础上，按照安全、有效、适时、简便、经济的原则使用药物，以达到最大疗效和最小的不良反应。在生产中，要真正做到合理用药不是易事，需要有一定的药物、药理知识和用药的实践经验。合理用药应遵循以下原则。

（1）正确诊断疾病是合理用药的前提基础

（2）正确处理对因用药与对症用药的关系

在治疗疾病时，一般要首先考虑治本，但也要重视治标，两者的有机结合才能起到最佳疗效。总的治疗原则是：急则治其标，缓则治其本，标本兼治。

（3）正确选择药物

（4）制定合理的给药方案

给药方案包括给药途径、使用剂量、使用方法、用药时间间隔及疗程。在确定治疗方案时，应注意有些药物只能作为治疗用药，不能作为预防用药，如杀菌类、杀虫药类，否则极易产生耐药性，增加治疗难度。

（5）预期药物的治疗作用与不良反应

大多数疾病治疗药物，在发挥治疗作用的同时，会不同程度地产生不良反应。一般药物的治疗作用是可以预期的，同样其不良反应也是可以预知的，在用药前要充分了解药性，以期达到最佳治疗效果的同时，尽量降低药物的不良反应。

（6）注意药物相互作用，避免配伍禁忌

（7）严格遵守休药期制度

生产中可参考表4.1中的常用渔药休药期，适用对象可参考虹鳟等冷水性水产动物，或适当将休药期增加0.5~1倍，否则，药物残留容易超过国家的相关指标规定。

表 4.1　常用渔药休药期

名　称	休药期	适用对象
敌百虫（9% 晶体）	≥10 天	鲤科鱼类、鳗鲡、中华鳖、蛙类等
漂白粉	≥5 天	鲤科鱼类、中华鳖、蛙类、蟹、虾等
二氯异氰尿酸钠（有效氯 55%）	≥7 天	鲤科鱼类、中华鳖、蛙类、蟹、虾等
三氯异氰尿酸（有效氯 80% 以上）	≥7 天	鲤科鱼类、中华鳖、蛙类、蟹、虾等。
土霉素	≥30 天	鲤科鱼类、中华鳖、蛙类、蟹、虾等
磺胺间甲氧嘧啶及其钠盐	≥30 天	鲤科鱼类、中华鳖、蛙类、蟹、虾等
胺间甲氧嘧啶及磺胺增效剂的配合剂	≥30 天	鲤科鱼类、中华鳖、蛙类、蟹、虾等
磺胺间二甲氧嘧啶	≥42 天	虹鳟鲤科鱼类、中华鳖、蛙类、蟹、虾等

二、用药方法

大鲵用药方法主要有遍洒法、浸泡法、涂抹法、口服法和注射法几种，应根据不同药物采用不同的给药方法。

三、禁用药物

大鲵因其生活习性的不同，其治疗疾病所用药物可能不局限于常规水产药物，有时可能会用到某些兽用药物，但目前，国家已经明确 21 类兽药及其他化合物禁止在水产品生产中使用（表 4.2），这些药物在治疗大鲵疾病时是禁止使用的，另外，禁用药物还包括兽用原药以及人用药物。

表 4.2　食品动物禁用的兽药及其他化合物清单

序号	兽药及其他化合物名称	禁止用途	禁用动物
1	β－兴奋剂类：克仑特罗 Clenbuterol、沙丁胺醇 Salbutamol、西马特罗 Cimaterol 及其盐、酯及制剂	所有用途	所有食品动物
2	性激素类：己烯雌酚 Diethylstilbestrol 及其盐、酯及制剂	所有用途	所有食品动物
3	具有雌激素样作用的物质：玉米赤霉醇 Zeranol、去甲雄三烯醇酮 Trenbolone 、醋酸甲孕酮 Mengestrol Acetate 及制剂	所有用途	所有食品动物
4	氯霉素 ChlorampHenicol 及其盐、酯（包括：琥珀氯霉素 ChlorampHenicol Succinate）及制剂	所有用途	所有食品动物
5	氨苯砜 Dapsone 及制剂	所有用途	所有食品动物
6	硝基呋喃类：呋喃唑酮 Furazolidone、呋喃它酮 Furaltadone、呋喃苯烯酸钠 Nifurstyrenate sodium 及制剂	所有用途	所有食品动物
7	硝基化合物：硝基酚钠 Sodium nitropHenolate、硝呋烯腙 Nitrovin 及制剂	所有用途	所有食品动物
8	催眠、镇静类：安眠酮 Methaqualone 及制剂	所有用途	所有食品动物
9	林丹（丙体六六六）Lindane	杀虫剂	水生食品动物
10	毒杀芬（氯化烯）Camahechlor	杀虫剂、清塘剂	水生食品动物
11	呋喃丹（克百威）Carbofuran	杀虫剂	水生食品动物
12	杀虫脒（克死螨）Chlordimeform	杀虫剂	水生食品动物
13	双甲脒 Amitraz	杀虫剂	水生食品动物
14	酒石酸锑钾 Antimony potassium tartrate	杀虫剂	水生食品动物
15	锥虫胂胺 Tryparsamide	杀虫剂	水生食品动物
16	孔雀石绿 Malachite green	抗菌、杀虫剂	水生食品动物

续表

序号	兽药及其他化合物名称	禁止用途	禁用动物
17	五氯酚酸钠 PentachloropHenol sodium	杀螺剂	水生食品动物
18	各种汞制剂 包括：氯化亚汞（甘汞）Calomel、 硝酸亚汞 Mercurous nitrate、醋酸汞 Mercurous acetate、吡啶基醋酸汞 Pyridyl mercurous acetate	杀虫剂	动物
19	性激素类：甲基睾丸酮 Methyltestosterone、丙酸睾酮 Testosterone Propionate 苯丙酸诺龙 Nandrolone PHenylpropionate、苯甲酸雌二醇 Estradiol Benzoate 及其盐、酯及制剂	促生长	所有食品动物
20	催眠、镇静类：氯丙嗪 Chlorpromazine、地西泮（安定）Diazepam 及其盐、酯及制剂	促生长	所有食品动物
21	硝基咪唑类：甲硝唑 Metronidazole、地美硝唑 Dimetronidazole 及其盐、酯及制剂	促生长	所有食品动物

注：食品动物是指各种供人食用或其产品供人食用的动物。

四、大鲵药饵的制作

药饵防治大鲵病害具有使用方便、成本较低、用药少而且集中、防治效果理想等优点。常用药饵制作方法是将药物埋入或注射到饵料鱼或预投喂的肉块中，再投喂大鲵；另一种是先以较大剂量的药饵投喂饵料鱼，再用服用过药饵的饵料鱼投喂大鲵。不论哪种方法都要考虑药物的消耗，尤其在活体饵料鱼中添加药物，饵料鱼自身新陈代谢会消耗大量的药物，最终被大鲵吸收的药物剂量难以控制，因此，如果制作药饵，建议使用新鲜的死鱼或动物肉块。

五、大鲵疾病主要预防措施

大鲵疾病的预防坚持“以防为主、治疗为辅、防治结合”原则。日常生产中主要从以下几个方面加强疾病预防工作。

1. 严格监管、严格检疫

购买苗种时要详细了解苗种场生产管理情况，坚持从管理规范、苗种来源清晰的养殖场购买，切勿贪图便宜，采购劣质苗种及带病大鲵。

购进苗种应索要发票及检疫合格证明，引进后应严格隔离暂养30天以上，确保无疫病后再转入生产车间饲养。

2. 养殖人员要提高疾病防范意识，认真做好自身卫生防护

进入生产车间前应更换已消毒的工作服、工作鞋，并经消毒池消毒后方可禁入；生产工具应定期消毒、暴晒，生产工具最好专用，不能在车间之间相互借用，以免病菌交叉感染。

3. 各养殖池水源最好独立设置进排水，定期通风，保持室内空气清新

4. 加强日常生产管理

定期进行水质监测，防止水质污染，养殖水源要专人看守，确保水源水质安全。

加强饵料管理，小鱼、虾等鲜活饵料应来源于无污染的水域，并在饵料池暂养一周以上再投喂，投喂时用3%～5%的食盐水等浸洗消毒。

坚持每天巡池2～3次，掌握大鲵摄食情况，发现疑似患病大鲵应立即隔离观察，并对原池进行严格消毒处理。对病死或不明原因死亡的大鲵应做无

害化处理，禁止将病死大鲵随意丢弃野外或销售。

第四节　大鲵常见病害及防治

为保证大鲵的质量安全，在大鲵病害预防和治疗中，推荐使用国家标准渔药，严禁使用高毒、高残留或具有三致毒性（致癌、致畸、致突变）的渔药。严禁使用对水域环境有严重破坏而又难以修复的渔药，严禁直接向养殖水域泼洒抗菌素，严禁将新近开发的人用新药作为渔药的主要成分，严禁将人用抗生素类药物直接用于治疗大鲵疾病。大鲵常见病的预防和治疗涉及上述内容的，除省级渔政部门同意下的对野生大鲵进行抢救性保护外，禁止使用表 4.2 中的任何兽药及化学制品。

一、细菌性疾病防治

1. 疖疮病

（1）病原

疖疮型点状产气单胞杆菌。菌体短杆状、两端圆形、大小为（0.8 ~ 2.1）×（0.35 ~ 1）微米，单个或两个相连，有运动力，极端单鞭毛；有荚膜、无芽孢。革兰氏阴性。琼脂菌落呈圆形，直径 2 ~ 3 毫米。灰白色、半透明。最适培育温度 25 ~ 30℃，能分解脂肪酸而显现红色菌苔。

（2）症状

患病初期，鲵体背部皮肤及肌肉组织发炎，随着病情发展，这些部位，形似脓疮，用手触摸，有浮肿的感觉，病情严重时，肌肉组织呈现出血，渗出体液，既而坏死、溃疡，肠道处充血发炎。

（3）诊断

当疖疮部位尚未溃烂，切开疖疮明显可见肌肉溃疡或脓血状的液体。涂片检查时，可以在显微镜下看到大量的细菌和血球。

（4）流行与危害

不易形成流行，无明显的流行季节，一年四季都有此病发生，主要危害大鲵幼体。

（5）预防措施

① 在捕捞、运输、放养等操作过程中，切忌使鲵体受伤。

② 诺氟沙星2克/米^3，药浴鲵体30分钟，可消毒受伤部位，防止细菌感染。

（6）治疗方法

① 诺氟沙星内服。每千克大鲵每日用药量为80毫克拌料投喂，连用15天。

② 克林霉素肌肉注射。每千克大鲵每日肌肉注射克林霉素10 000国际单位，连用5天。

2. 细菌性腹水病

（1）病原

病原体为嗜水气单胞菌。

（2）症状

大鲵发病后懒动厌食，行动乏力，体表无明显病灶，腹部膨胀。解剖后可见腹腔内有大量积水，积水呈淡黄色或红色，肝坏死，肠胃充血。

（3）诊断

病原培养，对肝等组织进行常规细菌培养，可分离到大量嗜水气单胞菌。

（4）预防措施

养殖期间，注重水质的调节与改善以及水生态环境的维护。定期用二氧化氯、碘制剂等进行水体消毒。

（5）治疗措施

① 诺氟沙星内服，每千克大鲵每天用50毫克，拌料投喂，连用7天为一个疗程。外治用挫氯可因消毒。

② 由内脏感染易产生大量腹水，可每千克病鲵体重肌肉注射卡那霉素1万单位来治疗。

③ 中药内服：炒党参、生白术、黑豆、楮实子、泽兰、路路通、葫芦瓢、消水草、车前子、牵牛子、当归、枸杞、熟地丹参各2克。先将中药粉碎成细粉，再拌入饵料投喂。连续10天为一个疗程。

④ 中药内服：太子参、黄芪、白术、地黄、白芍、枸杞、牛滕、茯苓、猪茯、山药、葫芦瓢、车前子、大腹皮各3克。用法先将中药粉碎成细粉，然后再拌料投喂，连用10天为一个疗程。

3. 赤皮病

（1）病原

病原体为荧光假单孢菌，菌体短杆状，两端圆形，大小为（0.7～0.75）×（0.4～0.45）微克，单个或两个相连；有运动力，极端1～3根鞭毛，无芽孢，革兰氏阴性。琼脂培养基上菌落呈圆形，直径1～1.5毫米，微凸，表面光滑湿润，边缘整齐，灰白色半透明，此菌繁殖适宜温度为25～30℃。

（2）症状

发病的大鲵全身肿胀，体表出现不规则的红色肿块，发病初期红色肿块中央部位有米粒大小的浅黄色脓包，严重的大鲵机体出血发炎，特别是腹部最为明显。部分尾部腐烂。

（3）流行与危害

赤皮病广泛流行，大鲵受伤后病菌乘机侵入鲵体。此病无明显的流行季节，一年四季均可发生。此病主要危害大鲵幼体和成体。

（4）预防措施

大鲵在捕捞、运输、放养过程中，切忌鲵体受伤，保持水质清新，勤换新水可以预防此病。

（5）治疗措施

每天每千克病鲵体重肌肉注射 1 万单位庆大霉素，连续注射 7 天；每千克大鲵用增效联胺 50 毫克拌料投喂，连续 5 天。同时每千克大鲵肌注 1/3 毫升卡那霉素，连续注射 5 天。

（6）中药治疗

① 复方三黄粉（黄柏、黄芩、黄连、增效联胺）内服，每千克大鲵每天用药量为 40 毫克。

内服方法：拌料投喂，也可灌服，连用 10 天为一个疗程。

② 复方银黄粉（野菊花、金银花、黄柏、青木香、苦参、樟脑）内服。每千克大鲵每天用药量为 40～50 毫克。

内服方法：拌料投喂，连用 15 天为一个疗程。

③ 五倍子外治：每立方米水体用五倍子 3 克煎水全池或鱼箱泼洒，连用 15 天。

4. 烂爪病

（1）病原

点状产气单胞菌。

（2）症状

病鲵四肢皮肤溃烂，坏死脱落，露出肢骨。

（3）预防措施

避免大鲵受伤，定期水体消毒。

（4）治疗措施

① 用4% ~5%食盐水浸浴1 ~2 分钟。

② 内服强力霉素，每千克大鲵每天用药30 ~50 毫克。制成药饵投喂，连续7 天。

③ 内服诺氟沙星，每千克大鲵每天用药20 ~50 毫克，拌入饵料投喂，连用7 天。

④ 中药治疗：五倍子85 克、大黄30 克、地锦草200 克，加水50 千克浸泡，连用7 天。

5. 肠胃炎病

（1）病原

病原体为肠形点状产气单胞菌。菌体短杆状，两端圆形，大小为（0.4 ~0.5）×（1 ~1.3）微克，多数为两个相连，也有单个的，有运动力，极端单鞭毛；无芽孢、革兰氏阴性。适宜温度为25 ~60℃，以上即死亡，系条件致病菌。

（2）症状

病鲵离群独游水面，行动缓慢、食欲减退。剖开腹腔，可见积水，肠壁充血发炎。胃、肠无食。

（3）诊断

从病鲵的肝、肾、血中检出肠炎病病原菌。

（4）流行与危害

此病流行季节为4—9 月，危害大鲵稚体、幼体及成体。死亡率可达50% ~90%。

（5）预防措施

① 彻底清池消毒，保持水质清洁是杜绝病原菌繁殖滋生的有效措施。

② 放养时，用0.6 克/米^3 二氧化氯浸泡15 分钟，可预防此病发生。

③ 在流行季节用 1.2 克/米^3 的碘全池泼洒，每 10 天进行一次。

（6）治疗措施

内服诺氟沙星，每千克大鲵用 30 毫克拌料投喂，连用 10 天。外用二氧化氯 0.3 克/米^3 或碘 0.8 克/米^3 全池泼洒。

6. 细菌性出血性败血病

（1）病原

此病是由致病性嗜水气单胞菌、温和气单胞菌等多种细菌混合感染引起。

（2）症状

病鲵体表出现腐烂红血点，肌肉点状或块状充血，腹部略膨胀，严重时大鲵体表全身出血。

（3）治疗措施

① 菌必治（头孢曲松钠）、病毒灵肌注。每千克大鲵每天肌肉注 20 毫克菌必治和肌注病毒灵 20 毫克，连续 7 天为一个疗程。

② 中药内服：金银花 100 克、野菊花 500 克、大黄 200 克、黄芩 300 克、黄柏 200 克、贯众 50 克、大青叶 50 克。用法：先将中药粉碎成细粉然后拌料投喂，连用 10 天为一个疗程。外治：用挫氯可因消毒连用 7 天。

③ 中药内服：仙鹤草 250 克、紫珠草 100 克、板蓝根 600 克、病毒唑一片。用法：先将中药粉碎成细粉，一并将病毒唑碾碎成粉状，合并中药和病毒唑后，再拌料投喂，连续 7 天为一个疗程。

二、真菌病的防治

水霉病：

（1）病原

病原体属微藻状菌纲的水霉科，我国常见的水霉病主要有水霉和绵霉两属的种类。菌丝是无隔的多核体，菌丝分两种，一种像树根一样附着于鱼体的受伤部位，分枝特多，深入皮肤和肌肉，称为内菌丝，它具有吸收机体养料功能；另一种位于寄主体外，称为外菌丝，长3厘米左右，形成肉眼可见到的灰白色棉絮状物，具有繁殖的功能。

（2）症状

观察病鲵可见其头部、躯干部、尾部有水霉寄生。早期只看到寄生部位边缘不明的小白点，随后逐渐见到伸出的棉絮状菌丝。病鲵无力在水面游动，行动迟钝。

（3）流行与危害

水霉菌在10～20℃时能繁殖，最适宜为13～18℃。每年都流行，主要发病在春季。大鲵由于受伤，易发生本病。

（4）流行情况

冬季容易发病，大鲵受伤后，在伤口处容易生长水霉菌。未脱鳃的幼苗容易因感染水霉而死亡。四季均可发生，不受地域限制。

（5）预防措施

① 防止大鲵运输或养殖过程中受伤。对于受伤的大鲵在受伤处涂抹溃疡灵软膏。对于正在孵化的卵带，及时将未受精的卵带剪短剔除，剪刀用前在10%的高锰酸钾溶液中浸泡消毒。孵化工具提前用50克/升食盐水浸泡。

② 定期对大鲵池消毒，杀灭水中病原菌。

③ 做好饵料的消毒，用5%的食盐水或10毫克/升水霉净对活饵料浸泡15分钟左右，可有效杀灭水霉菌等致病菌。

（6）治疗措施

① 用软毛刷等工具清除大鲵体表的水霉菌，将池水放干，让大鲵在无水状态下保持30分钟。

② 用棉球直接蘸取15克/米^{3}的高锰酸钾水溶液并轻擦大鲵体表的水霉

病灶处，反复用3～5次，可痊愈。

③ 对于感染其他并发症的病鲵，及时肌注抗生素。

④ 外用亚甲基蓝，浓度0.5克/米^{3}全池泼洒，间隔两天再用一次。

三、寄生虫病的防治

车轮虫病：

（1）病原

由车轮虫属的车轮虫寄生而引起。虫体外形：侧面观像碟子或毡帽状，活的虫体，常盘附在鲵苗的皮肤或鳃上，在鲵体表或鳃上滑动，像车轮转动。生殖方式有无性繁殖和有性繁殖两种。无性繁殖是纵二分裂，有性繁殖是接合生殖。最适繁殖温度是20～28℃。

（2）症状

车轮虫主要寄生在鲵苗的皮肤和鳃上，以吸收鲵苗皮肤和鳃的组织细胞为营养，并损伤皮肤和鳃组织。鳃丝肿胀充血，黏液分泌过多，影响呼吸和生长。大量感染车轮虫的大鲵蝌蚪，身体消瘦，生长减慢，游动迟缓，摄饵不良，体表充血。重症可造成死亡。

（3）诊断

用显微镜检查病鲵皮肤和鳃，确认车轮虫及其数量则可作出诊断。

（4）流行与危害

该病比较普遍，主要危害大鲵稚鲵和幼鲵，病鲵周年可见，但以春季和初夏较多。

（5）预防措施

① 用30克/米^{3}的福尔马林稀释后全池泼洒，药浴8小时，极为有效，但对水质影响较大，故8小时后要换水。

② 用30克/米^{3}的冰醋酸全池泼洒。

四、病毒性疾病的防治

1. 病毒性腹水病

（1）病原

截至目前，从发病大鲵体内分离到的病毒为虹彩病毒，初步研究认为该病是由蛙虹彩病毒和细菌混合感染引起。

（2）病症

本症主要发生在稚鲵及幼鲵身体上。发病个体浮于水面，行动呆滞，不摄食，眼睛变浑浊甚至失明，腹部膨胀，体表出血。解剖后腹腔有大量积水，肝脏发红，肝、脾坏死。有的个体肛门部位还可见粪便黏着。

（3）诊断

将病鲵切片接种于大鳞大麻哈鱼胚胎细胞进行病毒分离，再用抗血清进行病毒试验。采用聚合酶链式反应检测病毒核酸。

（4）治疗措施

① 盐酸吗啉胍内服，每千克大鲵20毫克。

内服方法：拌料投喂，连用5天为一个疗程。外治：用中药大青叶、贯众、野菊花、金银花、白花蛇草各2克煎水后浸泡2小时，连用5天为一个疗程。

② 病毒灵肌注，每千克大鲵每天肌注0.1毫克，连续5天为一个疗程。外治同上。外治还可用0.3×10^{-6}挫氯可因消毒（此药可杀灭和抑制病毒分裂与繁殖）。

2. 大脚病

（1）病原

有研究初步认为该病是由蛙虹彩病毒和嗜水气单胞菌病引起。

（2）症状

发病初期无明显症状，病鲵吃食正常；随着病情发展，活动减少，反应迟钝，食欲下降甚至停食，病鲵脚面糜烂变质，严重的脚爪脱落，四肢呈灰白色或淡黄色组织坏死；发病后期，大鲵基本停食，四肢浮肿严重，基本失去爬行能力。解剖可见肝肿大并呈灰白色，肠道无食，严重的有大量腹水。

（3）诊断

可以根据症状进行诊断。

（4）流行情况

幼苗和成鲵都有，发病水温一般在 18 ~ 25℃。此病传染力强，如不及时隔离治疗，会感染其他大鲵发病，发病率在 50% 以上。

（5）防治措施

此病没有有效治疗措施，只能通过预防来降低患病几率。可以从改善水体环境、投喂药饵、加强养殖池消毒等方面提早预防，可内服维生素 C 和三黄散预防；病情严重的捞出后，用双氧水洗净病灶后涂抹四环素软膏，然后放到环境好的池中隔离暂养。病情轻的捞出后用 1% 的医用紫药水涂抹病灶，药水干后放到隔离池中暂养。

五、重金属污染及营养缺乏疾病

弯体病：

（1）病原

无特定病原体。产生此病的原因可能是养殖池的重金属盐类溶于水中，刺激大鲵的神经和肌肉收缩所致，也可能是缺乏钙和维生素等营养物质而产生畸形。

（2）症状

外观表现为身体呈“S”形弯曲，活力减弱。解剖检查，除脊椎弯曲外，无明显异常。但发育缓慢，日渐消瘦，严重时引起死亡。

（3）流行

从苗种到成鲵都可发生此病。

（4）防治措施

① 此病以预防为主，得了此病后很难恢复。投饵要多样化，使大鲵所需的多种矿物质和维生素能得到满足。目前无良方可治，主要是改良水质，平时要喂钙含量丰富的饲料。

② 要改良水质，使水体中不含重金属盐类。

第五节　养殖污水的处理

一、处理方法

通常包括物理处理和生物处理两部分。物理处理主要利用物理方法除去污水中的悬浮固体、胶体、油脂和泥沙。常用的方法是设置格栅、格网、沉淀池、除脂槽等；生物处理是利用大量的微生物氧化有机物的措施，除去污水中的胶体、有机物质。

大鲵养殖场排水中主要是残饵和粪便，一般采用厌氧微生物预处理与水草湿地相结合的方法。其流程为污水先经格栅拦截大部分较大的固体悬浮物，经过格栅后污水进入厌氧生物预处理池，在该池中去除一部分有机污染物及大部分固体悬浮物，通过梯级排水进入人工湿地，在人工湿地中，污水中剩余的部分污染物通过湿地基质的过滤吸附、湿地植物根系的吸收、好氧与厌氧微生物菌群的分解作用被去除，从而使污水得以净化。最后集中使用浓度为 50～80 毫克/升的有效氯或浓度为 0.5～1 毫克/升的臭氧消毒处理后排入自然水体。

二、处理设施

主要包括格栅栏、生物预处理池、人工湿地池、消毒池。

预处理池面积30~50立方米不等，根据养殖规模及水量排放的大小、地形等具体确定，处理池深2~2.5米，污水在池内停留1天以上。处理池内分成大小不等的几段并设置成导流槽，在1~2个导流槽中设置过滤材料，使其从中流出进入湿地。

人工湿地池面积约150~200平方米，池内利用地势高低分别栽种滴水观音、京水菜、美人蕉、水晶竹、大聚藻、菖蒲等水生植物。

经过上面两步处理后的污水基本能够达到养殖污水排放一二级标准，对于隔离暂养池排出的污水最好经过第三步："消毒处理"，以彻底杜绝病原菌直接排入自然水体。

三、污水排放要求

我国淡水水产养殖污水排放主要依据《淡水池塘养殖水排放要求》（SC/T 9101－2007），采用单项判定法。按照排放去向分为三类水域：

1. 特殊保护水域

指按照GB 3838－2002中的Ⅰ类水域，主要适合于源头水、国家自然保护区，在此区域不得新建养殖水排放口，原有的养殖用水应循环使用或对排放水进行处理，养殖水排放应达到表4.3中的一级标准。

2. 重点保护水域

指按照GB 3838－2002中的Ⅱ类水域，主要适合于集中式生活饮用水源地、一级保护区、珍稀水生生物栖息地、鱼（虾）类产卵场、仔稚幼鱼的索

饵场等，在此区域不得新建养殖水排放口，原有的养殖水排放应达到表 4.3 中的一级标准。

3. 一般水域

指按照 GB 3838－2002 中的Ⅲ类、Ⅳ类、Ⅴ类水域，主要适合于集中式生活饮用水源地二级保护区，鱼（虾）类越冬场、洄游通道、水产养殖区、游泳区、工业用水区、人体非直接接触的娱乐用水区、农业用水区及一般景观要求水域，排入该水域的淡水池塘养殖用水执行表 4.3 中的二级标准。

表 4.3　淡水养殖废水排放标准值　　单位：毫克/升

序号	项　目	一级标准	二级标准
1	悬浮物	≤50	≤100
2	pH 值	6.0～9.0	
3	化学需氧量（COM_{Mn}）	≤15	≤25
4	生化需氧量（BOD_5）	≤10	≤15
5	锌	≤0.5	≤1.0
6	铜	≤0.1	≤0.2
7	总磷	≤0.5	≤1.0
8	总氮	≤3.0	≤5.0
9	硫化物	≤0.2	≤0.5
10	总余氯	≤0.1	≤0.2

四、染疫水生动物无害化处理

染疫水生动物的处理应严格按照《染疫水生动物无害化处理规程》（SC/T 7015－2011）的规定程序和处理方法进行处理。

第五章
养殖实例

在编写该书的过程中，编写组共实地调查大鲵养殖企业、农户20余个，本章选取有代表性的大养殖企业、农户或合作社。按照生产模式将这些实例划分为仿生态繁殖模式、工厂化大鲵养殖模式以及公司+农户、家庭养殖等，这些生产模式基本代表了目前我国大鲵养殖生产方式，本章分节具体介绍每个实例，内容包括企业规模、设施建设、生产方式及管理措施等，并加入作者的观点，力求通过实例介绍，给读者或有意从事大鲵养殖的朋友便捷地了解途径，能够最直观的了解养殖基础知识。

第一节　仿生态繁育

一、城固大木厂村大鲵驯养繁殖场

该场位于陕西省汉中市城固县老庄镇大木厂村，建于2010年，主要开展大鲵驯养繁殖研究、后备亲鲵培育及鲵苗生产。保有优质亲鲵262尾（雌雄比为1∶1），后备亲鲵1 000尾，拥有年产大鲵苗3万~5万尾的生产能力。

1. 生产条件

（1）水源

该场选址在汉江某支流河岸缓坡空地建设，水源为河流水，建设引水渠将河流水引入场内。场内建有过滤池、蓄水池，通过 PVC 管道把蓄水池中的水引入繁育池。

（2）仿生态池

该场仿生态繁育池依据地形并排独立建设人工溪流，溪流长 35 米，溪流两侧建设人工洞穴，洞穴为圆形结构，采用预制圆形水泥圈，穴顶用水泥板覆盖，预留方形观察孔（大小 40 厘米 ×40 厘米）和通气孔，穴顶覆土种植草坪，并搭建遮阳网遮阳庇荫。每段人工溪流设置洞穴 21 组，并列分布溪流两侧。

（3）其他条件

配套建设生产管理用房 15 间，场四周建设围墙与外界隔离。

将自然河道里无污染的溪流水通过管道引入蓄水池，过滤沉淀泥沙后，通过 PVC 管道流往繁育池。整排繁育池之间采用并联方式供水，同一排的繁育池之间串联供水。在夏天雨季时，需对水源河道进行观察监测，一旦溪流变浑，应立即关闭供水阀门，防止污水流入繁育池。

如图 5.1 所示，一排共 21 组繁育池，每组繁育池里面放雌雄亲鲵各一尾，同一排的繁育池之间采用串联方式供水。

2. 亲鲵放养

（1）配组

该场采用 1∶1 配组模式，即将性腺发育基本同步的雌雄两尾亲鲵分别放入相邻的两个洞穴，在繁殖季节让这两尾亲鲵进行交配产卵受精的仿生

图 5.1　1∶1 配组繁育池

态繁育方式。配好组的亲鲵根据产卵情况及时作出调整，产卵率、受精率的配组会固定下来，连续几年进行配组；对产卵较差或不产卵的及时调整配组，通过 2 ~ 3 年的时间，基本可以完成最有效组合。1∶1 配组又分为以下两种情况：

一是 1 尾雌鱼配 1 尾雄鱼组成 1 组，每组亲鲵准备两个洞穴，洞穴相连，配好组的两尾亲鲵不隔离，雌雄亲鲵可以互相接触（图 5.2）。

图 5.2　雌雄亲鲵相邻但不隔离

二是将雌雄两尾亲鲵配组，放养到两个相连洞穴，洞穴间用石棉瓦完全隔离，直到接近产卵期前一个月左右（一般选在 7 月底或 8 月上旬）才抽出隔板让雌雄亲鲵见面（图5.3）。其目的是为了防止亲鲵由于争食和互不适应而咬伤，但缺点也很明显，对亲鲵的限制严重，亲鲵活动范围小，一定程度影响亲鲵生存环境质量，卵的发育和出苗的质量受到影响。

图5.3　雌雄亲鲵相邻且中间用石棉瓦挡板隔离

（2）1∶1配组的优缺点

①优点：雌雄亲鲵之间咬伤少。能清楚知道哪尾雌鲵产卵，可将连续几年不产卵的雌鲵淘汰，提高生产效率。产卵率较高，一般能达到80%以上，勉县同沟寺某养殖场甚至能达到100%的产卵率。配对好的亲鲵连续几年都会产卵，而且产卵时间相对固定，便于管理。

②缺点：发育特别好的雄鲵不能充分利用。一条发育良好的雄鲵能为3~5尾雌鲵受精，但是由于采用1∶1模式，只能为一尾雌鲵受精，造成雄鲵利用率较低。操作技术要求高。如果雌雄配对不好，产卵率、受精率会明显下降。配对一般需要经过3年互相适应调整，才能达到雌雄发育基本同步。

3. 日常管理

（1）饵料投喂

投喂亲鲵一般不使用活鱼，尤其是进入繁殖期后，应禁止投喂活鱼饵料，因为大鲵捕食剩余的活鱼会偷食大鲵卵而导致减产。因此，最好投喂冰鲜鱼

（图 5.4），一般为两天投喂一次。

图 5.4　冰鲜饵料鱼

饵料投喂前要进行消毒处理。将饵料鱼放入水温 15～20℃，浓度 5% 的食盐水中浸泡 15～20 分钟，待冰鲜鱼解冻后即可用于投喂（图 5.5）。

图 5.5　饵料鱼放入冰柜冷冻保存备用

（2）水温调控

实践表明，海拔较低的山区或纬度较低的南方部分地区，夏季日照强烈，气温和水温偏高，需要采取措施进行调光降温后，才可进行大鲵繁育生产。例如安康市汉阴县凉水泉公司在其龙寨沟仿生态繁育场设置遮阴棚，出苗量和参繁率显著提高，2013 年未加盖遮阴棚，仅产卵 2～3 窝，产苗 1 000 尾；2014 年加盖遮阴棚后，产卵 45 窝，产苗 3 万尾，苗种产量显著提升。通过该场水温和气温数据监测对比发现，加盖遮阴棚后水温平均降0.3~0.5℃（图5.6）。

图5.6　加盖遮阴棚调节水温

遮阴棚对大鲵繁育的影响主要有以下三个方面：一是白天日光照射强度明显减弱，大鲵活动增加；二是摄食时间延长，白天也发现摄食；三是病害造成的亲鲵死亡率有较为显著的下降（未找到科学依据，但实践结果确实如此，可能与设置遮阴棚后光线减弱，更加符合大鲵避光喜阴的生物学习性有关）（图5.6）。

4. 孵化管理

大鲵产卵后，一般有两种方案进行孵化管理：一是捞苗（图5.7），即大鲵产卵后雌鲵离开洞穴，雄鲵护卵，此时不做任何操作，待10月下旬或11月初孵化出苗后，揭开洞穴顶部盖板，捞取大鲵幼苗进行后期培育；二是捞卵，即发现雌鲵产卵后，即揭开盖板将受精卵捞出，并转入专用孵化池进行人工孵化。

通过对比发现：捞苗方式管理简便易行，劳动量小，成本低，但是孵化出苗率较低；捞卵方式孵化管理技术要求高，劳动量较大，生产成本较高，但孵化出苗率较高。

图 5.7　捞苗

二、华坤特种养殖专业合作社

该场位于贵州省黔南州都匀市，占地面积 30 亩，大鲵亲本 680 尾，年产值 500 余万元，利润 200 余万元。2012 年 11 月大鲵仿生态繁殖获得成功，当年获卵 2 500 余粒，受精率 80% 以上，孵化率 56% 以上，成活率 75% 以上，孵化稚鲵 831 尾。2013 年生产商品大鲵 1 万余斤。该场以大鲵仿生态苗种繁育为主，通过多年的不断探索，繁育技术和管理水平不断完善，规模实力不断增强。其生产模式值得借鉴。

1. 生态环境条件

该场位于都匀市杨柳街镇文德村，紧靠国家级风景区斗篷山，植被覆盖率 90% 以上，森林覆盖率 85% 以上，气候温暖湿润，山泉伏流甚多，河边岸柳成荫，水质清澈，水源丰富，枯水季节流量在 0.3 ~ 0.4 立方米/秒以上。该场水源为地下水，常年自然水温保持在 18 ~ 22℃，pH 值 6.3 ~ 7.5，溶氧 5 ~ 6 毫克/升以上，具备大鲵生长繁殖的自然条件和水质要求。该区域是大鲵的自然栖息地，是驯养和繁殖大鲵的理想场所。

2. 仿生态繁育池建设

（1）结构及组合

仿生态池长、宽、高为600厘米×350厘米×80厘米，单侧洞穴，洞穴面积占总水面的2/3。穴内坡比2.5%～3.5%。池口处设“T”字形防逃墙，洞穴顶用水泥板覆盖，培土并种植杂草，柳树遮光。总体布局采用双排池并列组合，孵化室、育苗室、饵料培养池综合配套。

（2）洞穴与照度

洞穴长、宽、高为165厘米×400厘米×80厘米，洞底、四壁用光滑的鹅卵石铺垫，防止鲵体擦伤。洞内照度经2012年10月19日（晴）11：00时测定，可符合大鲵习性条件。亲鲵繁育池内光照强度（LUX）见表5.1。

表5.1　大鲵洞穴内光照强度（LUX）参考表

位　置	洞　外	洞口50厘米	洞内150厘米
洞顶	2 200	1 300	160
水面	2 200	1 300	95

（3）水位控制

高水位多管道单池进水；通过溢水管控制水位，拔溢水管通暗渠底漏排水。池水日交换频率约12～14次。常年有哗哗流水声刺激。

（4）水深

水深为30～40厘米。池底设计成凸凹不平，大鲵在栖居中可利用穴内池底坡比造成水深的不同而进行自由选择上下，适合大鲵的自然习性。

3. 配组与驯养

（1）配组

亲鲵选择体壮、无伤、体型肥大、体重在 1 ~ 3 千克的野生或子一代个体。在繁殖期间将选好的亲鲵按一洞一尾放入，且雌雄相间，两洞之间用活动的铁栅栏隔开，雌雄比例为 1∶2，即一尾雌鲵搭配两尾雄鲵。

（2）驯养

水温要稳定保持在 18 ~ 22℃，流速控制在 0.1 ~ 0.3 米/秒。定时定量投放新鲜饵料，如小虾、小鱼等。保持环境安静，每天巡池时清除池中粪便和呕吐残物，尽量减少对大鲵的惊扰。

4. 繁殖管理

（1）产前的饲养管理

该场共建设繁殖池面积 536 平方米，投放亲鲵 218 尾，其中雄鲵 145 尾，雌鲵 73 尾。由于数量多，密度大，又要保证和满足大鲵营养的多样性，所以饵料以鲫鱼、泥鳅等多种饵料混合投喂，每天投喂量为大鲵体重的 3%。保持池内微流水，洞穴水位保持约在 15 ~ 20 厘米，并通过管道跌水制造水声，刺激大鲵性腺发育。

（2）产卵及孵化

进入 7 月下旬以后，当水温上升到 18℃并连续保持在 15 天以上时，每天清晨或午夜常常可见大鲵爬出洞穴在池周边活动，并随着水温的不断上升（20℃时）其活动频率加大，这种现象应视为产前的一种前兆，此时，应注意夜间巡查，做好产卵准备工作。

大鲵产卵时间一般为午夜至黎明前，当大鲵开始产卵时，可看到穴洞前有不规则的水波纹在晃动，也可听到大鲵尾部击水的声音。第二天若洞前水面已风平浪静，说明产卵已经结束。

孵化采用人工孵化的方式进行，待大鲵产卵结束，及时收集卵带，转入孵化框进行孵化；孵化期间采用微流水，为了避免光线照射导致胚胎死亡，在孵化池上用黑色塑料布进行遮盖。

（3）稚鲵的培育

培育池为室内水泥池，单池面积1.2平方米，池高50厘米，水深5厘米，每个池子放稚鲵150尾左右。30天内稚鲵主要依靠卵黄作为营养继续发育，此阶段不需要投喂。30天后稚鲵的卵黄已经消耗完毕，开始摄取外界食物，投喂的食物以鲜活的摇蚊幼虫为主。该场用不同开口饵料对稚鲵成活率影响对比试验表明：投喂水蚯蚓的稚鲵成活率为83%，投喂红虫的稚鲵成活率为91%，投喂摇蚊幼虫的稚鲵成活率为94%。幼鲵的摄食以吞食为主，而且消化能力较差，饲养6～8个月左右，其体重达23克以上，可转入5～10平方米的长方形水泥池中继续饲养（池高50厘米，水深10～20厘米），饵料用小虾、小杂鱼和肉糜。此阶段应注意预防腹胀病。

（4）其他设备

该场孵化用水采用过滤净化，离子交换设备进行处理，采用制冷系统调控蓄水池水温。

第二节　工厂化养殖

一、陕西宁陕龙泉大鲵养殖公司

该公司建于2000年，是陕西大鲵养殖龙头企业，集仿生态繁育、苗种培育、成鲵养殖、商品贸易于一体的综合养殖公司。2011年，该公司大胆创新，将大鲵引入非原生地合阳县黄河滩区进行人工养殖，并取得成功。目前，该公司在合阳县洽川镇建有陕西省非原生区大鲵专业交易市场暨成鲵科技示范养殖基地，现已建成一座6 000平方米大鲵养殖车间，成功养殖大鲵80 000尾，大鲵工厂化养殖模式得到推广示范。

1. 自然条件

龙泉公司合阳场位于陕西合阳县黄河湿地自然保护区内，年平均气温11.5～13.7℃，平均降雨量500～600毫米；年积温4 100～5 000℃。场内地热水资源丰富，水温常年恒定29～31℃，是陕西省主要的商品鱼生产基地。该公司利用当地丰富的地热水资源和充足便捷的饵料来源，通过控温等技术，开展成鲵养殖。

2. 基础设施

（1）养殖池

养殖车间为水泥钢构，结构坚固，车间养殖池为玻璃缸材质，上下两层。车间东西走向，15米（长）×6.0米（宽）×4.0米（高），共建设成鲵养殖车间40个，总建设面积约3 600平方米，每个车间都有通风口和防逃装置。

养殖池（图5.8）为上下两层的玻璃养殖池。上层池规格1.1米×0.8米，面积0.88平方米，下层池规格1.1米×1.2米，面积1.32平方米，每个车间修建养殖池44个。每排养殖池配备水温自动检测仪。

（2）水源

该场水源为地热水和机井水混合水源。配套地热深水井一口，井深800米，出水方式为自喷式，出水口常年水温31℃；冷水机井两口，500立方米蓄水池一个，利用地热水和冷水机井水兑水调温，常年可保持养殖池水温度18～20℃；蓄水池内安装微孔增氧设备增加水体溶解氧。

水质监测结果：水温18.4℃，pH值7.9，溶解氧6.01毫克/升，氨氮0.51

图 5.8　龙泉大鲵养殖公司养殖池

毫克/升，硫化物 0.01 毫克/升，亚硝酸盐 0.02 毫克/升。

（3）进排水

蓄水池内经过调温的水通过总管道引入养殖车间，每个车间装有独立控制阀门，再通过分管道分流到每个养殖池。池底有排水口，上池排水口为下池的进水口，养殖供水为循环水。水源流入上池，经过利用后从排水口注入下池二次利用，最后通过下池排水口，汇入排水渠，统一排入废水池，再供饵料池利用（图 5.9）。

图 5.9　鲵池车间废水排水示意

（4）饵料池

为保证饵料鱼充足供应，该场在收购周边野杂鱼的同时，配套建设饵料鱼池 9 100 平方米，砖混结构，并配套微孔增氧设备。饵料池如图 5.10 所示。

图 5.10　龙泉公司微孔增氧技术饵料池示意图

3. 养殖管理

(1) 苗种来源

该场主要以工厂化商品鲵生产为主，苗种来源于该公司仿生态繁殖基地自繁苗种，苗种在繁育场培育半年左右，再转运至该场养殖。

(2) 放养准备

放养前先对养殖池进行消毒和杀虫，用 30×10^{-6} 的漂白粉和 1.0×10^{-6} 的 90% 的晶体敌百虫杀灭细菌和寄生虫等敌害生物，然后用清水冲洗后注入新水浸泡一周左右。鲵苗入池前用亚甲基蓝 0.5 克/米^3 溶液浸泡 5 分钟。

(3) 放养规格及密度

苗种体长约 12 厘米，体重约 15 克；小池放养 100 尾，大池放养约 150 尾，平均每平方米放苗约 120 尾，每个车间约 10 000 尾。

(4) 分级饲养

根据大鲵生长情况，每年分池 1 ~ 2 次，逐渐稀分。2 龄苗小池约 30 尾，大池约 40 尾，每个车间约有 3 000 尾；3 龄苗小池投放约 15 尾，大池 20 尾，每车间约1 300尾。

（5）投喂

1龄幼鲵饵料以红线虫为主，饵料来源于天津某生物饵料公司；2龄大鲵饵料以鲜活小鱼为主，适量投喂冰鲜饵料，饵料来源于自建饵料池培育（图5.11）；3龄以上大鲵饵料采用自己培育或周边收购的半成品草、鲤鱼为主，切块后进行投喂。

各年龄段投喂量按养殖池内大鲵总体重的2%～4%进行调节，基本采用饱食投喂法进行投喂。

图5.11　2龄大鲵饵料示意（冷冻小餐条）

（6）日常管理

①保持水温、水位稳定，根据季节调控水温在18～20℃，1龄鲵池水深保持在8～10厘米。

②经过长时间运输的鲵苗，会对新环境有1～2天的适应期，一般从第二天开始投喂，投喂时间为19：00—20：00时，每天投喂1次。

③坚持每天巡池，及时清理残渣剩饵；每天对养殖池打扫、排污1次；及时清理排水滤网，确保排水顺畅。

④定期对养殖车间进行消毒，发现病鲵及时隔离治疗。

⑤大鲵个体随着时间的推移迅速生长，饵料的投喂量、养殖密度、饵料种类等也应相应调整。

数据显示，正常生长的大鲵，2 龄平均体重可达到500 克，体长 40 厘米；3 龄平均体重约 1 500 克，体长 60 厘米；4 龄体重约 4 000 克，体长约 80 厘米，可根据市场需求逐步上市销售。

二、陕西汉源大鲵科技有限公司

该公司位于陕西省汉中市城固县博望镇大西关村，是一家集科研、生产、经营、大鲵科技产业园建设等为一体的高科技民营企业。公司在略阳、勉县、城固等县区建有大鲵生态繁殖基地和 3 500 平方米大鲵工厂化养殖基地，养殖场年平均气温 12 ~ 15.7℃，年积温 4 500 ~ 5 770℃，降雨量 1 000 毫米。2015 年养殖 1 龄幼鲵 3 万尾，2 龄大鲵 1 万尾，3 龄大鲵 3 000 尾，4 龄大鲵 1 000 尾。

1. 基础设施

(1) 养殖车间

该场养殖车间为混凝土墙体，钢构彩钢屋顶结构，有养殖车间 3 栋，总面积约 1 000 平方米，养殖池面积约 750 平方米。养殖池为水泥池，池底和池壁贴有瓷片。建有两种规格养殖池，大池 2.0 米 ×1.5 米，池深 0.5 米；小池 1.0 米 ×0.9 米，池深 0.3 米。每个车间都有通风口和防逃装置（图 5.12）。

图 5.12　大鲵养殖车间示意图

（2）养殖水源

水源为地下水，建有机井和蓄水池，通过潜水泵抽进蓄水池，车间内水温 19～21℃。

（3）进排水系统

水源通过总管道进入养殖车间，每个车间装有阀门控制，再通过 PVC 管道流经每个养殖池。每个养殖池底部有排水口和排水管，养殖排泄物随水流流出车间（图 5.13）。

图 5.13　养殖池进排水示意图

2. 养殖管理

（1）苗种规格及放养密度

稚鲵经 6 个月培育，可长至体长约 15 厘米，体重约 20 克，之后分池转入小池培育。

平均每池放养 100 尾，此后，逐级分池饲养，大池主要养殖 2 龄以上的大鲵，400～500 克的放养密度 35 尾/米^2，750 克以上的，定苗 15 尾/米^2 左右养成商品鲵（图 5.14）。

（2）饵料

1 龄幼鲵饵料以红线虫、小毛虾为主，2 龄以上大鲵养殖以投喂鲜活白条

图 5.14　养殖池苗种养殖示意图

鱼、鲫鱼、鲤鱼苗种及新鲜鱼块为主要饵料。

（3）分池

随着时间的推移，同池大鲵个体生长出现差异，此时，应及时分池饲养，保证同池规格一致。具体做法是：每两个月挑选出体型较小大鲵 10 尾左右，直至长到 750 克以上，最终稀分定池 15 尾/米^2 左右养成上市（图 5.15）。

图 5.15　成鲵养殖示意图（水泥池）

6 月龄幼鲵经过精心饲养 1 年，平均体重 230 克，较大个体约 450 克；经过及时的分池饲养，生长快的个体 3 龄体重达到 2 900 克，4 龄时体重达到

4 000 克，体长约 78 厘米。

三、开阳县江华大鲵养殖场

贵州省开阳县江华大鲵健康养殖示范场积极探索、大胆创新生产工艺，研究设计多层立体（五层）大鲵养殖，既节约建池用地、节省养殖用水、提高排污能力，又显著增加单位面积的鱼载量。通过此养殖模式带动周边群众从事养殖，提供基础设施建设及现场技术示范指导，目前，该村年生产商品大鲵 1 吨，新增产值 80 万元。经济、社会、生态效益明显。

1. 养殖环境选择

该场位于开阳县花梨乡十字村，紧临构皮滩水库，周边植被良好，无工业和生活污染。水源为地下水，水温 18 ~ 19℃，水质清新，无污染，水质经开阳县疾病预防控制中心检测达一类饮用水标准，水资源条件优越，适宜大鲵生长。

2. 基础设施建设

（1）养殖厂房

场内建设标准化养殖车间 2 栋，分别为 46 米（长）×5.5 米（宽）×5.5 米（高）和 42 米（长）×5.5 米（宽）×5.5 米（高），总建设面积 484 平方米。两侧墙预留通风口 4 个，并安装换气扇。

（2）饵料池

配套建设饵料池 22 口，共 88 平方米，结构为砖混结构，每个池子 2 米（长）×2 米（宽）×1.5 米（高）。

（3）养殖箱

1 号车间内安装 90 个防锈烤漆钢架养殖平台 4 排，规格为 2 米（宽）×

4.5 米（高）×0.5 米（厚），两排之间预留宽 0.9 米的走廊；在钢架上安装 600 个食品级长方形塑料养殖箱，规格为 0.58 米（宽）×0.75 米（长）×0.55 米（高），每个钢架安放塑料箱 4 层、每层安放塑料箱 3 个。每个养殖箱均配套建设独立的进排水管道（图 5.16 和图 5.17）。

图 5.16　工厂化养殖车间

图 5.17　养殖用的塑料箱

（4）进、排水安装

①用 Φ110PE 管从蓄水池引水入养殖房，共安装 2 根；

②用Φ50PE 管安装到塑料箱上方，共安装 4 根；

③安装 Φ20 塑料水龙头 600 个，每箱 1 个；

④每个塑料箱底部一角设一个出水孔，用 Φ20PE 管连接至箱外，用于排水和控制箱内水位；

⑤走廊位置修建0.5 米（宽）×0.3 米（深）的水泥排水沟两排，计108米；

⑥车间外修建 50 米长排水渠，渠宽 0.8 米，深0.5 米，将养殖废水收集排放。

（5）配套建设管理房 120 平方米，用于安装监控设计等

四、志明野生动物驯养繁殖场

该场位于陕西省汉中市勉县勉阳镇继光村九组，占地 5 亩，海拔 520 米，距离汉江 2 000 米，距离 108 国道仅 1 500 米，离勉县城仅 4 千米。该场周边植被良好，无工业及生活污染。

1. 养殖设施

（1）水源井

该场靠近汉江，地下水资源丰富，养殖水源为机井水，备用机井 1 口，井深 40 米，每口机井配套 7.5 千瓦深井泵 1 台。机井水温 17℃。

（2）养殖池

其中：建设养殖池 1 000 平方米，砖混结构，4 米 ×6 米 ×0.6 米和 4 米 ×4 米 ×0.6 米两种规格。

2. 养殖管理

(1) 苗种来源

成鲵养殖所用苗种为本场自繁自养大鲵苗。

(2) 规格与密度

所放养苗种体长25厘米左右,放养密度100尾/米^2。所放苗种规格整齐,游动活泼。放苗前用5%食盐水浸泡15分钟,对其体表消毒。放养时间为每年的3月上旬。

(3) 饵料投喂

饵料为冰鲜野杂鱼。投饵前,先将饵料从冰柜中取出,待饵料解冻后,再用5%食盐水浸泡10分钟,对饵料消毒。因整个养殖过程都在光线暗淡的室内,因此,投喂时间没有严格的早晚之分,在每天巡池时发现第二天的饵料吃完,就可以投喂了,一般每天投喂一次,每天的投喂量要相对固定。一般为大鲵总重量的3%~5%,掌握宜少不宜多的原则。

(4) 水量调控

该场采用两口机井交替供水,为保持水温恒定,尽量保持常流水状态。根据大鲵不同年龄,养殖池内水深保持在5~30厘米。

(5) 合理稀分,分级饲养

同池大鲵因个体有异,生长过程中会逐渐产生大小差别,应及时将大小不同规格的成鲵分开饲养,保持同一池中规格整齐。一般一年分池3次,分别在5月、8月和11月分池。

根据规格不同,合理确定放养密度。体长25厘米的大鲵每平方米放养100尾;体长40厘米的大鲵每平方米放养50尾;体长60厘米的大鲵每平方米放养20尾。

（6）及时清理粪便

每天9：00时和16：00时清洁养殖池，清理粪便、残饵等，保持池水清洁。

3. 病害预防措施

坚持“以防为主、治疗为辅、防治结合”原则。

（1）养殖人员要提高防病意识，要认真做好自身卫生防护

养殖区应严格管理，禁止非工作人员随意进入养殖区，防止外来人员将病原带入。养殖室入口设有消毒池，工作人员每次进入都要消毒，非工作人员进入养殖室，先戴鞋套后方可进入。

（2）做好生产工具消毒

定期将生产工具置于阳光下暴晒，或定期用二氧化氯等消毒液浸泡消毒。做到一个养殖单元一套生产工具，不相互借用生产工具，杜绝病原传播。

（3）各养殖室水源独立设置，避免疾病相互传染

养殖场室内保持空气流畅、清新。

（4）强化饵料管理

加强对饵料来源监管，外购冰鲜鱼应产自无疫病区，禁止将病死或不明原因死亡的鱼作为饵料使用，饵料投喂前先消毒。

第三节　其他养殖方式

一、公司＋农户养殖方式

梵净山位于贵州省铜仁市江口县，属武陵山系，这一区域从不同角度综合反映了我国南方喀斯特独特的自然地理特征，武陵山区生物物种多样，尤其在

主峰梵净山麓是物种多样性最为密集的地区之一，是中国大鲵四大原产地之一。该地区大鲵养殖较为普遍，编写组实地调查大鲵养殖专业合作社两家，其主要特点是公司+农户的生产方式，即以某一苗种繁育场为龙头企业，企业相对养殖技术成熟，具有一定规模和经济实力，公司与周边农户签订养殖合同，统一提供苗种和技术，农民养成后公司按照市场价统一收购销售。这既降低了苗种企业的养殖成本，扩大了苗种产量，又解决了农户资金不足，缺乏养殖技术的问题，一举多得。不仅贵州，在陕西汉中、安康等地也出现了不少类似的产业发展模式，由于篇幅原因，在此不一一列举。当然在具体的运作中还存在不少问题，有待发展完善，但这是今后一段时期我国农业发展的趋势，该模式值得推广借鉴

1. 实例调查

①松桃正群大鲵养殖专业合作社。该合作社成立于2010年2月，现有社员21户，涉及群众112人，总投资200万元，建驯养繁育池2 900平方米，其中仿生态繁育池130平方米，养殖大鲵2 400余尾、亲鲵30组，采取专业合作的形式，吸收周边散养户为社员，统一管理，分散生产。2014年繁育大鲵苗种8 000尾（图5.18）。

图5.18　养殖场整体布局

②松桃白马泉大鲵原生态驯养繁殖专业合作社。该场位于冷水乡木材村，建于2007年8月，占地3亩，注册资金150万元，修建驯养繁殖池800平方米，仿生态池300平方米，养殖大鲵5 000尾，亲本200组。2014年繁育苗种6 000尾。

2. 基础设施

（1）人工溪流

利用山麓地势落差，仿生态场建造成数个梯田状具有落差的仿生态池，池间落差在20厘米左右，每个生态池人为分割成独立的小段，每段为5米，两段间设置30厘米高的跌水台。

水源为山溪水和山泉水（图5.19）。场内建有三个阶梯式过滤池、蓄水池，通过管道将蓄水池的水引入仿生态池。池底依次用较粗河沙及小卵石铺设，繁殖场内大量种植合欢、柳树等植物，人造溪流两旁要种植苦草、轮叶黑藻、石菖蒲、芦苇等水生草本植物，为大鲵营造暗光、荫凉的栖息环境。

图5.19　水源

（2）人工洞穴

洞穴椭圆形，长130厘米，宽80厘米，洞穴前低后高，前高20厘米，后高35厘米，穴内水深20厘米。洞口宽20厘米，高15厘米，洞口淹没在水中；洞穴底部呈锅底形，垫细泥夯实，再铺细河沙，利于亲鲵按照需求自己改造洞穴。洞穴上方开30厘米×30厘米的观察孔，用石板覆盖，在洞穴上方覆盖30厘米的土壤，并种植车前草、青蒿、鱼腥草、蒲公英、夏枯草、雨点草、金钱草、地枇杷等植物。

3. 亲本培育

（1）水温

梵净山区溪涧冬季水温高于气温2℃左右，夏季水温低于气温，在18℃左右，春秋两季水温和气温基本相当。控温措施是在山溪水和山泉水的出水管口安装阀门，因为山泉水具有恒温的特点，根据所需水温、流速等因素来调节两个管道的出水量，夏天加大泉水量降低水温，冬天减少泉水出水量使其休眠。

（2）饵料

饵料以鲜活鲫鱼、泥鳅等野杂鱼为主，适当搭配鸡、鸭肠、猪肝等动物内脏。同时，依据亲体性腺发育不同时期，投喂有益大鲵生长发育的中草药（例如：杜仲、金樱子、八角莲、五倍子等）浸泡过的饵料。

（3）亲鲵的放养

亲鲵配对放养主要有两种方式：一种是雌雄混养自行配对；一种是雌雄单独隔养适时配对。

雌雄混养方式：选择性成熟亲鲵，每8～20尾为一组投放在一个相对独立的繁殖区，雌雄比例1∶1；每一繁殖区投放的亲鲵个体重量差别不宜过大。

雌雄单独放养：先用铁栅栏（或硬质塑料栅栏）将仿生态池分隔成两半，将选择配组好的亲鲵，雌雄单独饲养，到繁殖盛期再抽掉铁栅栏，让雌雄自行择偶。

4. 管理措施

在梵净山麓建设大鲵仿生态繁殖场投资大，且场地在深山野外，“细节决定成败”，做好管理尤显重要。

（1）水质安全

一是要坚持对驯繁用水进行过滤，防止敌害生物进入繁殖场；二是在山区建设繁育场，一定要设置沉淀池和蓄水池，沉淀池有利于将水中悬浮物质去除，蓄水池可防止水温骤变，在下暴雨时还可以用蓄水池中的水来供水，从一定程度上减少水质污染；三是在自然环境中，水体的 pH 值和水温受外界的影响大，因此，要定时测量，发现问题及时处理。

（2）防病害

在仿生态养殖过程中，由于相对改变了大鲵的原生态环境和生活习惯，水质易受到污染，加上所投喂的饵料营养不全面，放养的密度较大，造成病菌感染的几率增大；当饵料缺乏时，常引起大鲵的格斗、撕咬，极易受伤。因此，仿生态养殖大鲵，做好病害的预防工作非常重要的。其主要措施：一是根据经验，提前制定可能发生的各种疾病防治方案，提早预防；二是坚持水体消毒、鲵体消毒、食场消毒；三是针对仿生态繁殖场内树木和草本植物较茂密，易生长害虫，采取林下放养棘胸蛙或土鸡的措施，进行生物防治虫害；四是要对进入该仿生态繁殖场的外来大鲵，必须要经过暂养（寄养）池，观察和疾病检查一个月以上，严防外界疾病带入仿生态池内。

（3）防逃逸

繁殖场四周根据不同地势，采用砖石或优质石棉瓦做成高 2 米左右的围墙，进、出水口设有两层牢固的金属防护栅栏。

（4）防盗抢

因为大鲵价格较高，应防范不法分子进行偷盗、抢劫，采取人防、物防、技防、犬防等综合技术措施，辅以狗、鹅报警。

二、汉中市龙头山汇丰源大鲵养殖场家庭养殖模式

养殖场地处陕西省汉中市汉台区老君镇、四号信箱院内。交通便利，距离汉中市城区 10 千米。位于北纬 33°07′59.72″，东经 107°01′1756″，海拔 538 米。养殖场建于 2012 年，占地面积 0.53 公顷，建设大鲵养殖池 4 000 平方米，饵料暂养池 20 平方米，蓄水池 30 平方米，池高 4.5 米，配套饵料鱼冷库 15 平方米，可冷冻饵料鱼 2.5 吨。水源为地下水，水井深 50 米，水温常年 18℃。

养殖池用塑料板粘接而成，呈长方形。规格分为 75 厘米 ×75 厘米 ×25 厘米和 150 厘米 ×75 厘米 ×25 厘米两种。养殖池呈立体分布，分四层，每层之间间隔 40 厘米，用铁架支撑。

现养殖 1 龄大鲵 3 000 尾，养殖面积 30 平方米，平均 100 尾/米^2；3 龄大鲵 3 000 尾，养殖面积 50 平方米，平均 60 尾/米^2；4 龄大鲵 50 尾，养殖面积 45 平方米。

从调查了解到，该场主要从事商品大鲵养殖。在当地属于养殖大鲵较早，养殖经验比较丰富的家庭养殖户，是当地养鲵致富带头人。经实地走访调查，该场养殖大鲵主要抓了以下几个关键环节。

1. 苗种投放

投放苗种体长 20 厘米以上，此种规格成活率高，价格相对合适（图 5.20）。

苗种投放时用 5% 食盐溶液浸泡 10 分钟左右，对其体表消毒。同池苗种规格齐整。

投放时间为每年 2 月。

图 5.20　大鲵育苗池内景

2. 投喂

该场所用饵料主要有黄粉虫、鲜活小鱼、冷冻小餐条等。活饵料为当地池塘、水库中所产野杂鱼、鲤鱼种、草鱼种；冷冻饵料、黄粉虫、红线虫等大部分由外地采购。活饵料与冷冻饵料交替使用，每隔 30 天交换一次。

图 5.21　饵料（黄粉虫）

活饵料经暂养池养殖一周后投喂，投喂时用食盐水浸泡 20 分钟。冰冻饵料解冻后，用 5% 食盐溶液浸泡 10 分钟后再投喂。

3. 水质调节、换水

地下水水温为18℃左右。为保持水温在16~20℃的适宜生长水温，夏季、冬季通过加大流水量的方式调节水温。

4. 分池

为保持同一池中大鲵规格齐整，一般4月、7月、9月和12月进行分池，一年分池4次，将同一规格大鲵放在一个池中，避免个体大小差异过大，影响生长或发生残食现象。

将不同年龄段、不同规格的大鲵分开饲养。一般2龄，体长达25~40厘米，每平方米放50~100尾；3龄体长40~60厘米，每平方米放10~20尾。

5. 病害预防措施

（1）严把苗种关

大鲵苗全部来自留坝县繁殖场。对该繁殖场生产情况十分了解，该繁殖场从未发生疾病，苗种体质好，抗病力强。

（2）加强养殖场管理

禁止非工作人员随意进入养殖区，防止外来人员将病原带入。

（3）做好生产工具消毒

生产工具在使用前后用30×10^{-6}的二氧化氯溶液浸泡30分钟消毒，且一个养殖单元一套生产工具，不相互借用生产工具，杜绝病原传播。用20×10^{-6}的高锰酸钾溶液定期（每季度一次）对每个养殖池轮流浸泡消毒。

（4）养殖场室内保持空气流畅、清新

每个养殖室安置排风设备，每天定时排风。

（5）严格饵料管理

为保证饵料质量，一是固定饵料来源，活饵料多由当地水库等未受污染的自然水域中捕获所得；二是外地采购的每批次饵料主动送至当地水产品质量安全检测机构进行检测，确定未携带疫病和无药物残留后再使用。

小结：从以上8个养殖实例可以看出，仿生态繁殖与成鲵养殖相比，其养殖设施建设主要是根据大鲵生活习性，建设好仿生态溪流和人工洞穴，并对自然环境有一定要求，一般在大鲵适生区，海拔在700米以上的山区开展繁育，海拔低的平原地区很难繁殖成功；繁殖成败的技术关键在于亲鲵的培育和挑选配组，这需要一定的经验和技术，从事大鲵养殖工作较短的人员很难掌握；孵化和稚鲵培育工作对水质要求远高于成鲵养殖，且技术管理要复杂得多。

相比而言，成鲵养殖设施要求相对简单，可采取水泥池、玻璃池、塑料筐等不同的材质，其共同点是养殖池要设置在室内，保证暗光环境，独立设置进排水，为保持池内水质清洁，多采用微流水养殖；技术管理并不复杂，关键是抓好苗种关、饵料关、病害关三关。所放养苗种多为20厘米以上的苗种，此时的大鲵脱鳃变态已经完成，抗病能力增强，养殖成活率高，其次是要及时分级饲养，避免同池大鲵个体差异过大；日常管理中，提高病害防范意识，做好消毒工作。具有一定水产养殖基础知识，初步了解大鲵生活习性的人员，均可开展成鲵养殖工作，而且不受海拔高度的限制。

第四节　实例调查分析

前三节主要从不同养殖模式，每个实例从基础设施建设、养殖过程、技术管理等角度表述，读者可通过实例简单了解如何建设一个养殖场，都需要建设哪些设施，如何进行大鲵养殖，需要注意哪些养殖关键技术环节等。本节作者主要针对实例调研中获得的不同年龄大鲵生长数据，进行简单的对比分析，使读者能更直观地了解目前我国大鲵养殖技术水平，对已开展大鲵养殖的读者提供参考数据，以利于改进养殖技术，提升管理水平，促进产业发展。

一、实例调查基本情况

1. 陕西省汉中市龙头山水产养殖开发公司汇丰源养殖场

该养殖场位于汉中市汉台区老君镇四号信箱院内，场内海拔 538 米，养殖水温 18℃，属工厂化养殖模式。公司拥有仿生态繁育池 5 800 平方米，幼鲵培育池 600 平方米，商品大鲵养殖池 4 000 平方米。配套建设饵料池 20 平方米。大鲵总存量 6 000 余尾。饵料以鲜活草、鲤鱼苗种为主，并搭配投喂冰鲜饵料，年投喂量约 3 000 千克，幼鲵投喂红虫和小虾，年投喂量分别 350 千克左右。实例调查时随机抽查了 18 尾不同年龄段的大鲵，分别测量其体长和体重（图 5. 22 和图 5. 23）。

图 5. 22　仿生态人工溪流

图 5. 23　幼苗

个体实测数据见表5.2。

表5.2　大鲵个体测量数据

序号	1龄		2龄		3龄		4龄	
	体长（厘米）	体重（克）	体长（厘米）	体重（克）	体长（厘米）	体重（克）	体长（厘米）	体重（克）
1	13	19	31	139	55	1 078	83	4 660
2	15.5	21	28	143	60	1 448	95	6 680
3	14.3	17	28	103	50	932	92	6 420
4	15.7	21	30.6	145	55	1 498		
5	15	17	28	126	51	909		
平均	14.7	17.8	29.1	131.2	54.2	1 173	90	5 920

2. 王春德养殖场

该养殖场属典型的家庭养殖模式，养殖大鲵近十年，养殖经验丰富，养殖水平较高。该场占地面积3亩，建大鲵养殖池128个，面积200平方米，养殖池分两种规格建设，大池2.0米×1.8米，水深0.5米；小池1.0米×0.9米，水深0.2米。养殖1龄大鲵4 000尾，2龄大鲵4 000尾，3龄大鲵200尾；后备亲鲵50尾。该场长势最好的大鲵，4龄最大体重达到10.8千克，体长110厘米。商品鱼养殖以鲤、草鱼及杂鱼等鲜活饵料为主，年投喂量7 500千克，养殖至商品鱼饵料系数为3.0。调查发现，该场1.5龄大鲵，体重1 000克以上的占20%，750～1 000克的占20%，500～750克的占20%，500克以下的占40%。数据表明，该场养殖技术水平较高。

个体实测数据见表5.3。

表 5.3　大鲵个体测量数据

序号	1 龄		2 龄		3 龄		4 龄	
	体长（厘米）	体重（克）	体长（厘米）	体重（克）	体长（厘米）	体重（克）	体长（厘米）	体重（克）
1	17	38	48	860	64	1 920	110	10 880
2	18	36	54	960	70	2 220		
3	14	29	53	820	63	1 940		
4	17	40	50	960	60	1 480		
5	15	28	49	820				
平均	16. 2	34. 2	48	860	64. 3	1 890	110	10 880

3. 陕西省汉中市同庆生态农业公司（狮子沟水乡农家乐）

该场位于汉台区南池村，主要以家庭自养、农家乐自销为主，属休闲大鲵养殖。目前，该场点养殖 1 龄大鲵约 500 尾；2 龄大鲵 136 尾；3 龄大鲵 15 尾；4 龄大鲵 2 尾。

个体实测数据见表 5. 4。

表 5.4　大鲵个体测量数据表

序号	2 龄		3 龄	
	体长（厘米）	体重（克）	体长（厘米）	体重（克）
1	34	250	56	1 190
2	32	163	48	894
3	32	167	57	1 270
4	30	141	60	1 478
5	34	225	64	1 828
平均	32. 4	189. 2	57	1 332

4. 汉中星源大鲵养殖开发有限公司

该场位于汉中洋县谢村镇四兴村，海拔498米，属工厂化养殖模式。占地面积13亩，建大鲵养殖池1 500口，合计4 000平方米，饵料池300平方米，水源为机井水，水温16～18℃。目前，养殖1龄大鲵200平方米，58 000尾；2龄大鲵1 000平方米，18 000尾；3龄和4龄商品大鲵已经售完。投喂饵料以冷冻草、鲤鱼、参条鱼为主，并从东北托运冷冻饵料，年投喂量8 000千克。

个体实测数据如表5.5。

表5.5　大鲵个体测量数据表

序号	1龄		2龄		3龄	
	体长（厘米）	体重（克）	体长（厘米）	体重（克）	体长（厘米）	体重（克）
1	18	41	35	268	63	1 590
2	19	36	37	222	62	1 488
3	17	25	34	223	63	1 424
4	13	18	38	255		
5	18.5	31	34	221		
平均	17.1	30.2	35.6	237.8	62.7	1 500.7

5. 城固县汉源农牧有限公司养殖场

该公司位于城固县五郎镇胥水村，属于工厂化养殖模式。占地100亩，建大鲵养殖池840个，总面积4 000平方米；饵料池2 400平方米。目前，养殖1龄大鲵7.5万尾，2龄大鲵6 000尾，3龄大鲵6 540尾，4龄大鲵240尾，5龄大鲵356尾；养殖规格较为齐全。养殖投喂饵料以草、鲤鱼鱼种为主，年用量40 000千克；冷冻参条鱼用量1 000千克。

个体实测数据见表5.6。

表5.6　大鲵个体测量数据表

序号	1龄		2龄		3龄		4龄	
	体长（厘米）	体重（克）	体长（厘米）	体重（克）	体长（厘米）	体重（克）	体长（厘米）	体重（克）
1	20.5	41	42	450	65	1 950	71	3 100
2	14	15	43	550	61	1 600	76	4 400
3	16.5	30	40	700	63	1 450	89	5 900
4	15	26	31.5	250	66	2 200	75	3 100
5	18	31	40	450	66	1 950		
平均	16.8	28.6	39.3	480	64.2	1 830	77.8	4 125

6. 陕西汉源（大鲵）生物科技有限公司

该公司位于城固县博望镇大西关村，是一家集科研、生产、经营、疫病防治、水产饲料生产、大鲵科技产业园建设、产品加工等为一体的高科技民营企业。公司建有4个大鲵仿生态繁育基地，3 500平方米大鲵规范养殖基地，大鲵池750平方米，饵料池200平方米；养殖亲鲵966尾，2013年繁苗量突破3万尾；2014年参繁亲鲵460组，繁育大鲵苗种36 000尾。目前，养殖1龄大鲵3万尾，2龄大鲵1万尾，3龄大鲵3 000尾，4龄大鲵1 000尾。养殖饵料幼鲵主要投喂红线虫，商品鲵养殖以鲤、鲫鱼等鲜活鱼为主。

个体实测数据见表5.7。

表 5.7　大鲵个体测量数据表

序号	1 龄		2 龄		3 龄		4 龄	
	体长（厘米）	体重（克）	体长（厘米）	体重（克）	体长（厘米）	体重（克）	体长（厘米）	体重（克）
1	11	10	28	111	72	3 280	86	4 620
2	10.8	10	33	181	77	2 700	81	4 840
3	9	8	29	188	76	3 600	67	2 820
4	10.6	9	30	154	65	2 180		
5	11.4	10	22	62				
6			30	440				
7			30	360				
8			26	280				
9			28.5	222				
平均	10.5	9.4	28.5	222	72.5	2 940	78	4 093.3

二、个体测量数据汇总分析

编辑组对 6 家养殖场点调查走访，并对不同规格的大鲵进行随机抽样测量体长和体重，经过数据对比，不同养殖模式、不同饵料投喂、不同养殖规模等个体差异明显，各养殖场大鲵长势均有所不同。对所调查养殖场按照大鲵不同年龄汇总结果显示（表 5.8）：1 龄幼鲵平均体长 14.6 厘米，平均体重 22.7 克，单位体重 1.55 克/厘米；2 龄大鲵平均体长 37.5 厘米，平均体重 443.8 克，单位体重 11.83 克/厘米；3 龄大鲵平均体长 62.5 厘米，平均体重 1 777.6 克，单位体重 28.44 克/厘米；4 龄大鲵平均体长 89 厘米，平均体重 6 254.5 克，单位体重 70.28 克/厘米。

表 5.8　实测数据汇总分析表

年龄（龄）	1	2	3	4	8
平均体重（克）	22.70	443.80	1 777.60	6 254.50	10 025.00
平均体长（厘米）	14.60	37.50	62.50	89.00	96.00
单位体重（克/厘米）	1.55	11.83	28.44	70.28	104.40
月平均增重（克）	2.84	22.19	55.55	156.36	108.96
体重年增长（倍）	113.50	19.60	4.00	3.52	0.40

调查发现，在几家养殖场中，汉台区王春德养殖场点（家庭养殖模式）大鲵长势普遍较好。4 龄最大个体体长达到 110 厘米，体重达到 10.88 千克。根据调查数据分析：大鲵在 1～4 龄养殖过程中，生长速度最快，体重和体长成正比迅速增长，但体长增长速度明显高于体重增重速度；4 龄以后的大鲵生长速度开始减缓，体长增长和体重增重速度变慢，从 4～8 龄 4 年内体长年均增长不足 2.5 厘米；由此，可以看出大鲵在 1～4 龄是生长最快时期，4 龄以后的大鲵，其增长速度逐渐变慢，逐渐进入性成熟阶段。

1. 不同年龄大鲵体重对比分析

通过计算得出，1 龄大鲵月平均增重 2.84 克，2 龄大鲵月平均增重 22.19 克，3 龄大鲵月平均增重 55.55 克，4 龄大鲵月平均增重 156.36 克，8 龄大鲵月平均增长 108.96 克，根据“不同年龄大鲵体重月平均增长变化图”显示，大鲵在 1 龄、2 龄期，体重增长稳定，1 龄、2 龄幼鲵体重基数小，但是增长幅度高。幼鲵从脱膜到 8 月龄体重增长达 113.5 倍，从 1～2 龄，体重增长 19.6 倍，从 2～3 龄、4 龄体重增长逐渐趋于稳定，分别为 4 倍和 3.52 倍。3～4 龄大鲵体重增重明显（图 5.24）。

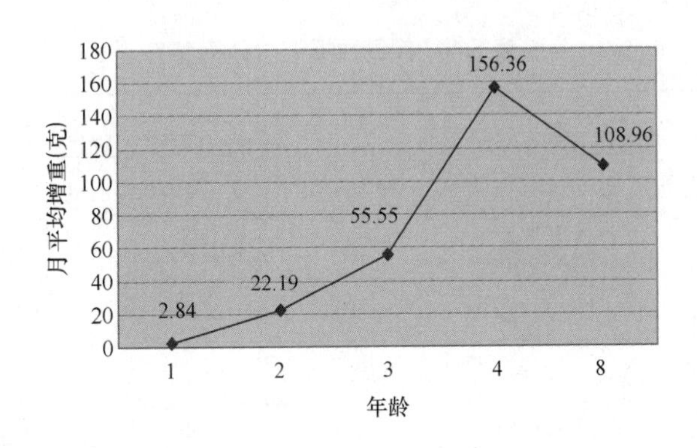

图 5.24　不同年龄大鲵体重月平均增长分析

2. 不同年龄大鲵体长对比分析

调查数据显示，刚脱膜的幼鲵体长为 2.0 厘米左右，1 龄幼鲵平均体长 14.6 厘米，2 龄大鲵平均体长 37.5 厘米，3 龄大鲵平均体长 62.5 厘米，4 龄大鲵平均体长 89 厘米，8 龄大鲵 96 厘米，即体长年增长分别为：12.6 厘米、22.9 厘米、25 厘米、26.5 厘米和 1.75 厘米；1 龄幼鲵体长年增幅约 7 倍，体长增长特别迅速；2 龄、3 龄、4 龄大鲵体长每年平均增长约 25 厘米，而从 4～8 龄，4 年间体长增长约 7 厘米，年均增长 1.75 厘米。数据表明，大鲵在 4 龄之前体长大幅增长，4 龄后增长开始逐渐减缓。

调查中还发现：1 龄幼鲵生长速度相差较大，最小体长为 10.5 厘米，最大体长为 16.7 厘米，大小差异明显。这与饵料投喂和分池不及时有关，因此，在幼苗培育过程中，一要投喂适口充足的饵料，而要及时分池饲养（图 5.25）。

3. 不同年龄不同饵料大鲵长势对比分析

调查发现：1 龄以前的稚鲵所投喂饵料基本相同，大都为红虫和小虾，

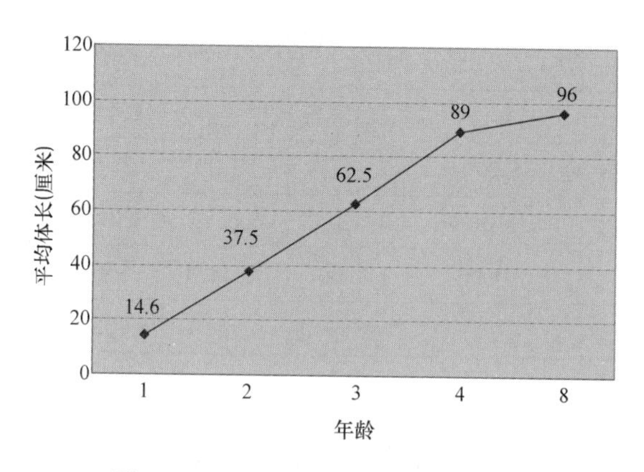

图 5.25　不同年龄大鲵体长对比分析

但管理方式和养殖环境、技术水平等有所差距。数据显示，1 龄大鲵长势相差幅度较大，有的体重达 30 克，有的仅 10 克左右。2 龄以后，鲜活饵料基本以鲤、草、鲫鱼鱼种、野杂鱼、餐条为主；有的养殖场以搭配投喂冷冻鱼为主要投喂方式，大鲵生长情况也各不一样。投喂冰鲜饵料，需要浪费大量人力捞出剩余残饵，增加人工成本；投喂活饵比投喂冰鲜饵料的大鲵普遍生长快，而且投喂鲜活饵料在养殖中节省了人工，水质污染程度也大大降低。但考虑饵料来源和质量安全，各养殖场应结合生产实际，提高养殖效益。

分析所用数据为各养殖场 1 ~4 龄大鲵中具有普遍性、代表性的个体实测数据。星源公司 1 龄、2 龄大鲵分别测量了长势较好和长势较差的两组数据，分析中取平均值；汉源公司 3 龄大鲵抽样为长势好的个体，不能反映该年龄段普遍长势，该数据暂不使用；王春德养殖场长势最好的 4 龄大鲵体重达到 10 880 克，也不能具备代表性，该数据暂不使用。各年龄段大鲵不同饵料投喂方式，大鲵长势情况分析见表 5.9。

表 5.9　各年龄段大鲵不同饵料长势分析　　单位：克

场名	汇丰源	王春德	同庆养殖场	星源公司	汉源农牧	汉源科技	平均值
1 龄鱼体重	17.80	34.20		18.00	28.60	9.30	21.58
2 龄鱼体重	131.20	820.00	189.20	600.15	480.00	222.00	407.09
3 龄鱼体重	1 173.00	1 890.00	1 332.00	1 500.70	1 830.00	－－	1 545.14
4 龄鱼体重	5 920.00	－－			4 125.00	4 093.00	4 712.67

汇丰源公司大鲵工厂化养殖，饵料投喂以鲜活饵料与冰鲜饵料搭配投喂法，基本上相隔一个月调换一次，主要原因是活饵成本高，冰鲜饵料成本低。1 龄大鲵平均体重 17.8 克，2 龄鱼体重 131 克，3 龄鱼体重 1 173 克，明显低于平均水平，投喂方式即活饵与死饵搭配，经常变换投喂方式，对大鲵生长有一定影响。

王春德养殖场各年龄段大鲵生长体重均超过平均值，1 龄大鲵平均值 34.2 克，比平均值高出近 13 克；2 龄大鲵平均值 820 克，比平均值高出一倍还要多。调查结果显示，王春德大鲵养殖的成功，除选择适口性强的饵料外，也与养殖密度控制合理有关，养殖密度过低，大鲵摄食活饵相对困难，也影响其生长速度。

同庆大鲵养殖场属家庭养殖模式。受测量的 2 龄、3 龄样本中，均低于平均值。该场投喂饵料为自产野杂鱼和养殖鱼种，但缺乏技术管理，水质环境较差，大鲵长势相对较弱，2 龄鱼平均体重 189 克，明显低于平均水平。

汉中星源养殖场是工厂化养殖。大鲵饵料主要以冷冻饵料为主。大鲵长势相对较为稳定，1 龄大鲵平均体重 18 克，略低于平均水平；2 龄大鲵平均体重 600.15 克，高于平均值近 200 克，较为理想。

汉源农牧公司养殖场属工厂化养殖。饵料以鲤、草鱼、餐条鱼等活饵料，各年龄段大鲵生长状况均优于平均水平，养殖效益较高，饵料系数 4.0 左右。

汉源科技公司养殖场同为工厂化养殖模式，1 龄鱼投喂红线虫，2 龄鱼投喂鲜活鱼饵料，幼鲵体质相对较弱，长势较差。2 龄大鲵参差不齐，较小个体仅 60 克，较大的 440 克，应及时按照同等大小规格分池饲养；3 龄大鲵平均体重 2 940 克，明显高于平均值，可能是由于大鲵市场行情变化导致投喂管理放松，从而影响到大鲵生长。

通过以上分析，我们可以看出：大鲵在 4 龄以前生长速度最快，4 龄之后生长速度减缓，因此，在实际生产中，4 龄大鲵是上市销售的最佳时机，继续养殖会增大生产成本，除非是留作后备亲鲵培育。通过不同饵料饲养结果可看出，进行大鲵养殖还是以活饵料为佳，投喂冰鲜饵料的大鲵虽然生长速度也不错，但饵料应相对稳定，不能频繁变换饵料，否则，会影响大鲵的生长。

（注：本节有关实测数据，版权属编写组，未经作者同意，请勿应用于论文发表，或其他商业用途。）

附录

附录一：大鲵养殖生产管理记录表

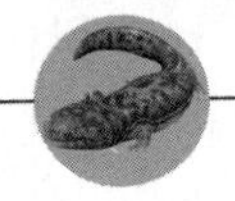

表1　养殖场采购苗种及亲本记录

时间	采购的产地	规格		数量（尾）	检疫情况	合格证书情况	备注
		体重（克）	体长（厘米）				
					□检疫 □未检疫	□有 □无	
					□检疫 □未检疫	□有 □无	
					□检疫 □未检疫	□有 □无	
					□检疫 □未检疫	□有 □无	

续表

时间	采购的产地	规格		数量（尾）	检疫情况	合格证书情况	备注
		体重（克）	体长（厘米）				
					□检疫 □未检疫	□有 □无	
					□检疫 □未检疫	□有 □无	
					□检疫 □未检疫	□有 □无	
					□检疫 □未检疫	□有 □无	
					□检疫 □未检疫	□有 □无	
					□检疫 □未检疫	□有 □无	
					□检疫 □未检疫	□有 □无	
					□检疫 □未检疫	□有 □无	
					□检疫 □未检疫	□有 □无	

表 2　养殖场采购药物及化学品备案表

序号	药品名称	主要成分	生产厂家	批准文号	用法用量	主要用途	安全停药期	备注

表3　养殖场技术/管理人员备案卡

<table>
<tr><td>姓　名</td><td></td><td>性别</td><td></td><td rowspan="2">签名</td><td rowspan="2" colspan="2"></td><td rowspan="5"></td></tr>
<tr><td>毕业时间</td><td>年 月 日</td><td>学制</td><td></td></tr>
<tr><td>毕业学校</td><td colspan="3"></td><td colspan="2">所学专业</td><td></td></tr>
<tr><td>工作单位</td><td colspan="3"></td><td colspan="2"></td><td></td></tr>
<tr><td>现任职务</td><td colspan="3"></td><td colspan="2">任职时间</td><td>年 月 日</td></tr>
</table>

工作经历

起止时间	工作单位	从事工作	职务/职称	备注

培训经历

培训时间	培训内容	主办单位	考核结果	培训证明

表 4　养殖场大鲵出入池记录

养殖池编号:　　　　　　　　　　　　　　　　养殖人:

苗种编码	入池情况			出池情况					动物编号代码	备注
	入池时间（年月日）	数量（尾）	规格（克）	数量（尾）	规格（克）	检验等级	后补编码	出池时间（年月日）		

表5　养殖场生产管理记录

养殖池编号：　　　　　　　　　　　　　　　　　　　　　　养殖人：

时间（年月日）	天气气温	水质监测情况					投喂记录				巡池检查情况
		水温	pH值	溶氧	氨氮	其他	饵料来源	饵料名称	投喂量	其他	

表 6　养殖场大鲵用药记录

养殖池编号：　　　　　　　　　　　　　　　　　　养殖人：

时间（年月日）	水温	大鲵规格		数量（尾）	使用目的	处方药物名称	使用浓度	使用方法	处方人	操作人	备注
		体重（克）	体长（厘米）								
					□消毒 □防疫 □治病						
					□消毒 □防疫 □治病						
					□消毒 □防疫 □治病						
					□消毒 □防疫 □治病						
					□消毒 □防疫 □治病						
					□消毒 □防疫 □治病						

表 7 养殖场大鲵产品标签

<table>
<tr><td>养殖单位</td><td colspan="3"></td></tr>
<tr><td>地 址</td><td colspan="3"></td></tr>
<tr><td>养殖证编号</td><td colspan="3">（ ）养证［ ］第 号</td></tr>
<tr><td>驯养繁殖证编号</td><td colspan="3">（ ）水野驯繁［ ］ 号</td></tr>
<tr><td>苗种生产许可证编号</td><td colspan="3"></td></tr>
<tr><td>动物编号代码</td><td colspan="3"></td></tr>
<tr><td>产品规格</td><td colspan="3"></td></tr>
<tr><td>出场时间</td><td colspan="3"></td></tr>
<tr><td>产品检验人（签字）</td><td colspan="3"></td></tr>
<tr><td rowspan="8">养殖史</td><td>起止时间</td><td>来源或养殖池编号</td><td>责任人</td></tr>
<tr><td></td><td></td><td></td></tr>
<tr><td></td><td></td><td></td></tr>
<tr><td></td><td></td><td></td></tr>
<tr><td></td><td></td><td></td></tr>
<tr><td></td><td></td><td></td></tr>
<tr><td></td><td></td><td></td></tr>
<tr><td></td><td></td><td></td></tr>
</table>

附录二：染疫水生动物无害化处理规程（SC/T 7015－2011）

1　范围

本标准规定了无害化处理的染疫水生动物对象、染疫水生动物的起捕、无害化处理方法、染疫水体及周围环境和使用工具的处理方法、处理记录等。

本标准适用于水生动物养殖、运输和销售等。

2　术语和定义

下列术语和定义适用于本文件。

2.1　染疫水生动物　diseased aquatic animal

被传染性病原感染、不明原因死亡或中毒性疾病死亡的水生动物。

2.2　无害化处理　biosafety disposal

通过用焚毁、掩埋或其他物理、化学方法将染疫水生动物进行处理，以达到消灭传染性病原、阻止病原扩散的目的。

3　处理对象

染疫水生动物。

4 染疫水生动物的起捕

测定水体，用过量的消毒剂泼洒，待染疫水生动物浮头后进行拉网，捕捞并称重。

5 处理方法

5.1 焚毁

将染疫水生动物投入焚化炉或用其他方式烧毁炭化。

5.2 掩埋

5.2.1 掩埋地区应与水产养殖场所、饮用水源地、河流等地区有效隔离。

5.2.2 选择地下水较浅、土质无径流的地点挖坑。

5.2.3 坑底铺2厘米厚生石灰。

5.2.4 将染疫水生动物分层放入，每层加生石灰覆盖，生石灰重量与染疫水生动物重量相同。

5.2.5 坑顶部图层不低于1米。

5.2.6 用土填埋、夯实。

5.3 高温

5.3.1 高压蒸煮法

把染疫水生动物或者体重大于2千克的染疫水生动物切成重不超过2千克，厚不超过6厘米的肉块，放在密闭的高压锅内，在112千帕压力下蒸煮30分钟。

5.3.2 一般蒸煮法

将染疫水生动物或者根据体重把染疫水生动物切成5.3.1规定大小的肉

块，放在普通锅内蒸煮1小时（从水沸腾时算起）。

6　染疫水体及周围环境处理

水体经消毒剂消毒后抽干，对养殖池塘用生石灰（2 250千克/千米^2）消毒，暴晒，并对后续养殖的水生动物进行连续两年的疫病监测。

7　使用工具处理

对运输工具用浓度为30毫克/千克的漂白粉进行喷雾消毒；对捕捞工具用强氯精进行浸泡。

8　处理记录

对全程无害化处理过程进行记录，记录表参见下表：

染疫水生动物无害化处理记录表

养殖场名称：　　　　　　　　　　塘口编号：　　　　　　　　　　No：

染疫水生动物	品种		面积（平方米）	
	规格（厘米）		数量（千克）	
	处理方法			
染疫水体	水深（米）		水体（立方米）	
	消毒剂种类		消毒剂数量	
	第一次消毒时间		消毒方法	
	第二次消毒时间		消毒方法	
使用工具	工具名称			
	消毒剂种类			
	浸泡时间		销毁与否	是□　否□
备注				
实施人			证明人	

日期：　　　年　　月　　日

附录三：中华人民共和国水生野生动物利用特许办法

第一章 总则

第一条 为保护、发展和合理水生野生动物资源，加强水生野生动物的保护与管理，规范水生野生动物利用特许证件的发放和使用，根据《中华人民共和国野生动物保护法》、《中华人民共和国水生野生动物保护实施条例》的规定，制定本办法。

第二条 凡需要捕捉、驯养繁殖、运输以及展览、表演、出售、收购、进出口等利用水生野生动物或其产品的，按照本办法实行特许管理。

本办法所称水生野生动物，是指珍贵、濒危的水生野生动物；所称水生野生动物产品，是指珍贵、濒危水生野生动物的任何部分及其衍生物。

第三条 农业部主管全国水生野生动物利用特许管理工作，负责国家一级保护水生野生动物或其产品利用和进出口水生野生动物或其产品的特许审批。省级渔业行政主管部门负责本行政区域内国家二级保护水生野生动物或其产品的特许审批；县级以上渔业行政主管部门负责本行政区域内水生野生动物或其产品特许申请的审核。

第四条 农业部组织国家濒危水生野生动物物种科学委员会，对水生野生动物保护与管理提供咨询和评估。

审批机关在批准驯养繁殖、经营利用以及重要的进出口水生野生动物或其产品等特许申请前，应当委托国家濒危水生野生动物物种科学委员会对特许申请进行评估。评估未获通过的，审批机关不得批准。

第五条 申请水生野生动物或其产品利用特许的单位和个人，必须填报《水生野生动物利用特许证件申请表》（以下简称《申请表》）。《申请表》可向所在地县级以上渔业行政主管部门领取。

第六条 经审批机关批准的，可以按规定领取水生野生动物利用特许证件。

水生野生动物利用特许证件包括《水生野生动物特许捕捉证》（以下简称《捕捉证》）、《水生野生动物驯养繁殖许可证》（以下简称《驯养繁殖证》）、《水生野生动物特许运输证》（以下简称《运输证》）、《水生野生动物经营利用许可证》（以下简称《经营利用证》）。

第七条 各级渔业行政主管部门及其所属的渔政监督管理机构，有权对本办法的实施情况进行监督检查，被检查的单位和个人应当给予配合。

第二章　捕捉管理

第八条 禁止捕捉、杀害水生野生动物。因科研、教学、驯养繁殖、展览、捐赠等特殊情况需要捕捉水生野生动物的，必须办理《捕捉证》。

第九条 凡申请捕捉水生野生动物的，应当如实填写《申请表》，并随表附报有关证明材料：

（一）因科研、调查、监测、医药生产需要捕捉的，必须附上省级以上有关部门下达的科研、调查、监测、医药生产计划或任务书复印件 1 份，原件备查；

（二）因驯养繁殖需要捕捉的，必须附上《驯养繁殖证》复印件 1 份；

（三）因驯养繁殖、展览、表演、医药生产需捕捉的，必须附上单位营业执照或其他有效证件复印件 1 份；

（四）因国际交往捐赠、交换需要捕捉的，必须附上当地县级以上渔业行政主管部门或外事部门出具的公函证明原件 1 份、复印件 1 份。

第十条　申请捕捉国家一级保护水生野生动物的，申请人应将《申请表》和证明材料报经申请人所在地省级渔业行政主管部门审核后，报农业部审批。

需要跨省捕捉国家一级保护水生野生动物的，由申请人所在地省级渔业行政主管部门签署意见后送捕捉地省级渔业行政主管部门审核，捕捉地省级渔业行政主管部门签署意见后报农业部审批。

第十一条　申请捕捉国家二级水生野生动物的，申请人应将《申请表》和证明材料报经申请人所在地县级渔业行政主管部门审核后，报省级渔业行政主管部门审批。

需要跨省捕捉国家二级保护水生野生动物的，由申请人所在地省级渔业行政主管部门签署意见后报捕捉地省级渔业行政主管部门审批。

第十二条　有下列情形之一的，不予发放《捕捉证》：

（一）申请人有条件以合法的非捕捉方式获得捕捉对象或者达到其目的的；

（二）捕捉申请人不符合国家有关规定，或者申请使用的捕捉工具、方法以及捕捉时间、地点不当的；

（三）根据申请捕捉对象的资源现状不宜捕捉的。

第十三条　取得《捕捉证》的单位和个人，在捕捉作业以前，必须向捕捉地县级渔业行政主管部门报告，并由其所属的渔政监督管理机构进行捕捉。

捕捉作业必须按照《捕捉证》规定的种类、数量、地点、期限、工具和方法进行，防止误伤水生野生动物或破坏其生存环境。

第十四条　捕捉作业完成后，捕捉者应当立即向捕捉地县级渔业行政主管部门或其所属的渔政监督管理机构申请查验。捕捉地县级渔业行政主管部

门或渔政监督管理机构应及时对捕捉情况进行查验，收回《捕捉证》，并及时向发证机关报告查验结果，交回《捕捉证》。

第三章　驯养繁殖管理

第十五条　从事水生野生动物驯养繁殖的，应当经省级以上渔业行政主管部门批准，取得《驯养繁殖证》后方可进行。

第十六条　申请《驯养繁殖证》，应当具备以下条件：

（一）有适宜驯养繁殖水生野生动物的固定场所和必要的设施；

（二）具备与驯养繁殖水生野生动物种类、数量相适应的资金、技术和人员；

（三）具有充足的驯养繁殖水生野生动物的饲料来源。

第十七条　申请驯养繁殖水生野生动物的，申请人应当如实填写《申请表》，并附报有关证明材料。

申请驯养繁殖国家一级保护水生野生动物的，应当将《申请表》和证明材料报经驯养繁殖场所在地省级渔业行政主管部门审核后，报农业部审批。

申请驯养繁殖国家二级保护水生野生动物的，应当将《申请表》和证明材料报经驯养繁殖场所在地县级渔业行政主管部门审核后，报省级渔业行政主管部门审批。

第十八条　驯养繁殖水生野生动物的单位和个人，必须按照《驯养繁殖证》的规定进行驯养繁殖活动。

需要变更驯养繁殖种类的，应当按照本办法第十七条规定的程序申请变更手续。经批准后，由审批机关在《驯养繁殖证》上作变更登记。

第十九条　禁止将驯养繁殖的水生野生动物或其产品进行捐赠、转让、交换。因特殊情况需要捐赠、转让、交换的，申请人应当向《驯养繁殖证》发放机关提出申请，由发证机关签署意见后，按本办法第三条的规定报批。

第二十条 接受捐赠、转让、交换的单位和个人，应当凭批准文件办理有关手续，并妥善养护与管理接受的水生野生动物或其产品。

第二十一条 取得《驯养繁殖证》的单位和个人，应当遵守以下规定：

（一）遵守国家和地方野生动物保护法律法规和政策；

（二）用于驯养繁殖的水生野生动物来源符合国家规定；

（三）建立驯养繁殖物种档案和统计制度；

（四）定期向审批机关报告水生野生动物的生长、繁殖、死亡等情况；

（五）不得非法利用其驯养繁殖的水生野生动物或其产品；

（六）接受当地渔业行政主管部门的监督检查和指导。

第四章 经营管理

第二十二条 禁止出售、收购水生野生动物或其产品。因科研、驯养繁殖、展览等特殊情况需要进行出售、收购、利用水生野生动物或其产品的，必须经省级以上渔业行政主管部门审核批准，取得《经营利用证》后方可进行。

第二十三条 申请出售、收购、利用水生野生动物或其产品的，申请人应当如实填写《申请表》，并附报有关证明材料。

申请出售、收购、利用国家一级保护水生野生动物或其产品的，应当将《申请表》和证明材料报经申请利用者所在地省级渔业行政主管部门审核后，报农业部审批。

申请出售、收购、利用国家二级保护水生野生动物或其产品的，应当将《申请表》和证明材料报经申请利用者所在地县级渔业行政主管部门审核后，报省级渔业行政主管部门审批。

第二十四条 医药保健利用水生野生动物或其产品，必须具备省级以上医药卫生行政管理部门出具的所生产药物及保健品中需用水生野生动物或其产品的证明；利用驯养繁殖的水生野生动物子代或其产品的，必须具备省级以上渔业行政主管部门指定的科研单位出具的属人工繁殖的水生野生动物子代或其产品的证明。

第二十五条 有下列情形之一者，不予发放《经营利用证》：

（一）出售、收购、利用的水生野生动物物种来源不清楚或不稳定的；

（二）可能造成水生野生动物物种资源破坏的；

（三）可能影响国家野生动物保护形象和对外经济交往的。

第二十六条 经批准出售、收购、利用水生野生动物或其产品的单位和个人，应当持《经营利用证》到出售、收购所在地的县级以上渔业行政主管部门备案后方可进行出售、收购、利用活动。

第二十七条 出售、收购、利用水生野生动物或其产品的单位和个人，应当遵守以下规定：

（一）遵守国家和地方有关野生动物保护法律法规和政策；

（二）利用的水生野生动物或其产品来源符合国家规定；

（三）建立出售、收购、利用水生野生动物或其产品档案；

（四）接受当地渔业行政主管部门的监督检查和指导。

第二十八条 地方各级渔业行政主管部门应当对水生野生动物或其产品的经营利用建立监督检查制度，加强对经营利用水生野生动物或其产品的监督管理。

第五章 运输管理

第二十九条 运输、携带、邮寄水生野生动物或其产品的，应当经省级渔业行政主管部门批准，取得《运输证》后方可进行。

第三十条 凡申请运输、携带、邮寄水生野生动物或其产品的单位或个人，应当如实填写《申请表》，并附有关证明材料，报经始发地县级渔业行政主管部门审核后，报始发地省级渔业行政主管部门审批。

第三十一条 出口水生野生动物或其产品涉及国内运输、携带、邮寄的，申请人凭同意出口批件到始发地省级渔业行政主管部门或其授权单位办理《运输证》。

进口水生野生动物或其产品涉及国内运输、携带、邮寄的，申请人凭同意进口批件到入境口岸所在地省级渔业行政主管部门或其授权单位办理《运输证》。

第三十二条 经批准捐赠、转让、交换水生野生动物或其产品的运输，申请人凭同意捐赠、转让、交换批件到始发地省级渔业行政主管部门或者其授权单位办理《运输证》。

第三十三条 经批准收购水生野生动物或其产品的运输，申请人凭《经营利用证》和出售单位出具的出售物种种类及数量证明，到收购所在地省级渔业行政主管部门或者其授权单位办理《运输证》。

第三十四条 跨省展览、表演水生野生动物或其产品的运输，申请人凭展览、表演地省级渔业行政主管部门同意接纳展览、表演的证明及前往《运输证》回执到展览、表演地省级渔业行政主管部门办理返回《运输证》。

第三十五条 有下列情形之一的，审批机关不予发放《运输证》：

（一）运输、携带、邮寄的水生野生动物来源不清的；

（二）水生野生动物活体运输缺乏安全保障措施的；

（三）运输、携带、邮寄的目的和用途违背国家法律法规和政策规定的。

第三十六条 取得《运输证》的单位和个人，运输、携带、邮寄水生野生动物或其产品到达目的地后，必须立即向当地县级以上渔业行政主管部门报告，当地县级以上渔业行政主管部门应及时进行查验，收回《运输证》，并回执查验结果。

第三十七条 县级以上渔业行政主管部门或者其所属的渔政监督管理机

构应当对进入本行政区域内的水生野生动物或其产品的利用活动进行监督检查。

第六章 进出口管理

第三十八条 凡进出口水生野生动物或其产品和《濒危野生动植物种国际贸易公约》附录中水生野生动物或其产品的，必须经农业部批准。

第三十九条 属于贸易性进出口活动的，必须由具有商品进出口权的单位承担，并取得《经营利用证》后方可进行。没有商品进出口权和《经营利用证》的单位，审批机关不得受理其申请。

第四十条 进出口申请人应当如实填写《申请表》，并附上进出口合同书及有关证明材料，报经所在地省级渔业行政主管部门审核后，报农业部审批。

第四十一条 有下列情形之一的，审批机关不予批准出口水生野生动物或其产品：

（一）出口的水生野生动物物种和含水生野生动物万分的产品中物种原料的来源不清楚的；

（二）出口的水生野生动物是非法取得的；

（三）可能影响国家野生动物保护形象和对外经济交往的；

（四）现阶段不适宜出口的；

（五）不符合我国水产种质资源保护规定的。

第四十二条 有下列情形之一的，审批机关不予批准进口水生野生动物或其产品：

（一）进口的目的不符合我国法律法规和政策的；

（二）不具备所进口水生野生动物活体生存必须的养护设施和技术条件的；

（三）引进的水生野生动物活体可能对我国生态平衡造成不利影响或有破坏作用的；

（四）可能影响国家野生动物保护形象和对外经济交往的。

第七章 附 则

第四十三条 违反本办法规定的，由县级以上渔业行政主管部门或其所属的渔政监督管理机构依照野生动物保护法律、法规进行查处。

第四十四条 经批准捕捉、驯养繁殖、运输以及展览、表演、出售、收购、进出口等利用水生野生动物或其产品的单位和个人，应当依法缴纳水生野生动物资源保护费。缴纳办法按国家有关规定执行。

水生野生动物资源保护费专用于水生野生动物资源的保护管理、科学研究、调查监测、宣传教育、驯养繁殖与增殖放流等。

第四十五条 外国人在我国境内进行有关水生野生动物科学考察、标本采集、拍摄电影、录像等活动的，必须向水生野生动物所在地省级渔业行政主管部门提出申请，经其审核后报农业部或其授权的单位审批。

第四十六条 本办法规定的《申请表》和水生野生动物利用特许证件由中华人民共和国渔政监督管理局统一制订。已发放仍在使用的许可证由原发证机关限期统一进行更换。

除《捕捉证》、《运输证》一次有效外，其他特许证件按年度进行审验，有效期最长不超过5年。有效期届满后，应按规定程序重新报批。

各省、自治区、直辖市渔业行政主管部门应当根据本办法制定特许证件发放管理制度，建立档案，严格管理。

第四十七条 《濒危野生动植物种国际贸易公约》附录一中的水生野生动物或其产品的国内管理，按照本办法对国家一级保护野生动物的管理规定执行。

《濒危野生动植物国际贸易公约》附录二、附录三中的水生野生动物或其产品的国内管理，按照本办法对国家二级保护水生野生动力的管理规定执行。

地方重点保护的水生野生动物或其产品的管理，可参照本办法对国家二级保护水生野生动物的管理规定执行。

第四十八条 本办法由农业部负责解释。

第四十九条 本办法自 1999 年 9 月 1 日起施行。

附录四：大鲵仿生态繁育池标准图

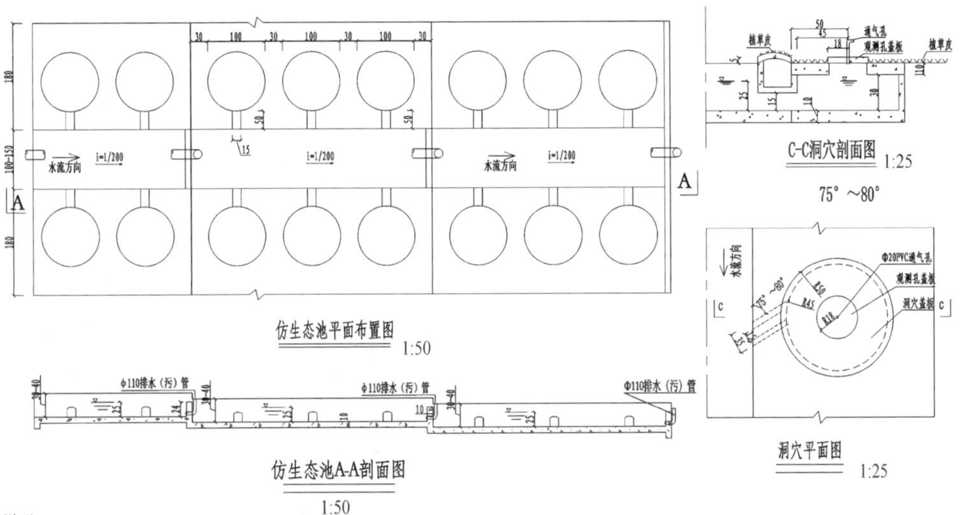

仿生态池平面布置图 1:50

仿生态池A-A剖面图 1:50

洞穴平面图 1:25

说明：

1.此图为大鲵仿生态繁育池（包括：渠溪、洞穴）布置图，渠溪宽不小于100厘米，跌坎净高23厘米，保持水深25厘米，比降可调，具体到各地视地形而定，以渠溪总长不超过30米为宜。

2.洞穴之间净距离以30厘米为宜，洞穴采用砼现浇或预制安装均可，地基夯实，穴内壁光滑，底与渠溪底水平，便于清池消毒。渠溪与穴连接通道宜做成城门洞型，要求光滑。

3.渠溪、洞穴底铺小于10毫米卵石粒和粗砂。

4.排水（污）管设成可90°自由旋转，排水（污）时向下旋转90°即可。

5.图中单位除管径为毫米外，均为厘米。

附录五：商品大鲵养殖池标准图

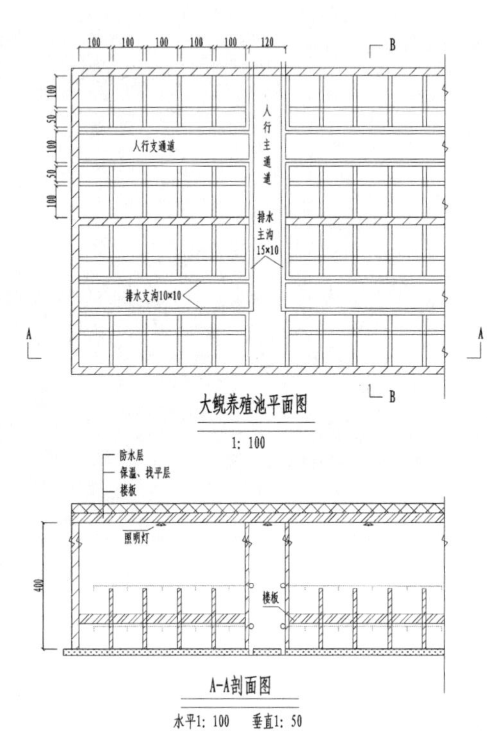

大鲵养殖池平面图

1: 100

A-A剖面图

水平1: 100　垂直1: 50

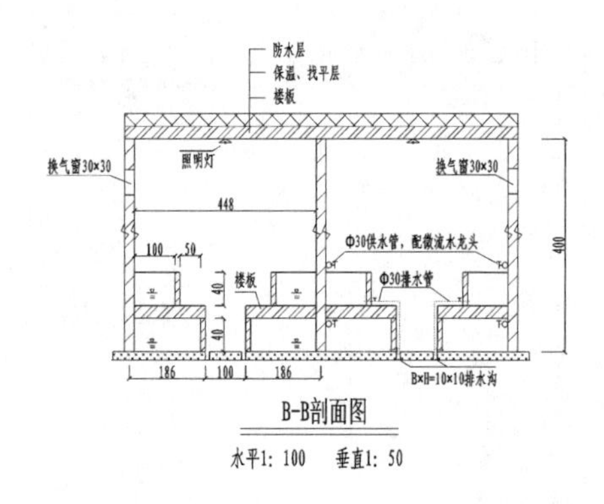

B-B剖面图

水平1: 100　垂直1: 50

说明：

1.本图为大鲵工厂化养殖场室内布置图，房屋为人字结构，也可为平板屋架结构，净高不小于400厘米高。单元布置为通道两侧布养殖池，单元宽为430-450厘米，养殖为上下层两池，上池小，下池大，以利用空间。上池长宽高为100厘米×100厘米×40厘米，下池长宽高为150厘米×100厘米×40里米，池子以砖材外砌瓷砖为宜，也可用10毫米玻璃制作。

2.每个池子布洪水、出水管口，以塑料管材为好，供水以龙头控制，出水管ϕ60，可90° 自由旋转，以控制池中水位。进水管上接ϕ30毫米支管。出水排至地面明排水沟，宽×深=15厘米×10厘米。支沟水排至主沟，支沟宽×深=10厘米×10厘米。

3.室内配防雾照明灯，适当布换气窗孔30厘米×30厘米。

4.根据地形可延长单位长度，布设养殖池数量。

5.图中单位除管径为毫米外，均为厘米。

参考文献

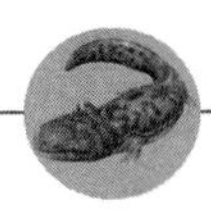

李欣，孙增民，王明文，等．2015．活饵与鲜饵对 3 ~ 5 龄大鲵生长的影响［J］．中国水产，07：85 – 88．

孙长铭．2015．大鲵［M］．西安：三秦出版社．

陈云祥．2009．大鲵养殖实用技术［M］．北京：金盾出版社．

姚俊杰，谢巧雄．2014．大鲵养殖实用技术指导［M］．北京：中国农业科学技术出版社．